IQ 148을 위한 추리 전쟁

CIA
범죄 퍼즐

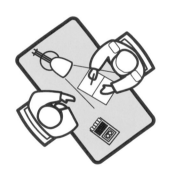

존 길라드 지음 | 이은경 옮김

보누스

머리말

세계 각국의 정부는 국가에 위협이 되거나 큰 영향을 미칠 정보를 극비리에 수집하기 위해 비밀 요원을 두고 있다. 비밀 요원이 되는 과정은 다양하다. 평범한 국가기관으로 위장해 채용 공고를 내기도 하고, 전문가를 초빙하기도 한다. 심지어 테러리스트, 금융 및 군사 시스템의 해커, 다른 나라의 정보원 같은 적들을 스카우트하기도 한다.

물론 선발 과정보다 더욱 중요한 것은 임무 수행 역량이다. 전 세계에서 일어나는 각종 범죄의 중심인 비밀 요원의 세계에서 성공하려면 매우 다양한 기술이 필요하다. 자신감 있고 영리해야 하며, 주위 환경에 잘 적응하고 의심을 피할 수 있어야 하는 동시에 항상 경계를 늦추지 않고 끊임없이 관찰해야 한다. 비밀 요원, 즉 스파이는 무엇보다 높은 수준의 논리력, 기억력, 통찰력이 필요하다. 스파이로서 요구되는 덕목인 각종 첩보 기술에도 능해야 하며 국제 관계와 역사에 관한 지식 역시 필수다.

이 책에서는 금고를 열고, 암호를 해독하고, 총기를 소지한 사람을 무장 해제시키거나, 지구 각지의 분쟁 지역을 찾아내는 등 스파이가 갖춰야 할 지식과 추리력, 용기를 시험한다. 과연 당신은 비밀 요원이 될 역량을 갖추고 있는가? 자격을 검증할 시간이다.

차례

비밀 요원에게 무엇보다 중요한 것은 냉정하게 상황을 판단하고, 눈 앞에 놓인 암호와 수수께끼를 신속·정확하게 풀어내는 능력이다. 이 장에서는 비밀 요원의 기초 역량인 판단력과 암호 해독 능력을 기른다. 상대보다 빠르게 단서를 눈치채고 주도면밀하게 행동해야 만 성공적으로 임무를 완수할 수 있을 것이다.

CHAPTER 1
상황 판단·암호 해독

1. 금고 열기

당신의 첫 번째 임무는 상대 비밀 요원의 근거지에 침입해 그가 갖고 있는 기밀 문서를 빼돌리는 것이다. 처음부터 너무 어려운 임무를 받았다고 불평할지도 모르겠지만, 정보 기관의 요원에게 쉬운 임무란 없다.

금고 다이얼의 바깥쪽 원에 있는 숫자들은 세 숫자를 제외하고 일정한 규칙에 따라 배치되어 있다. 규칙에 맞지 않는 세 숫자를 찾아 다이얼 아래 빈칸을 채우면 금고가 열린다. 빈칸에 들어갈 숫자 세 개는 무엇일까?

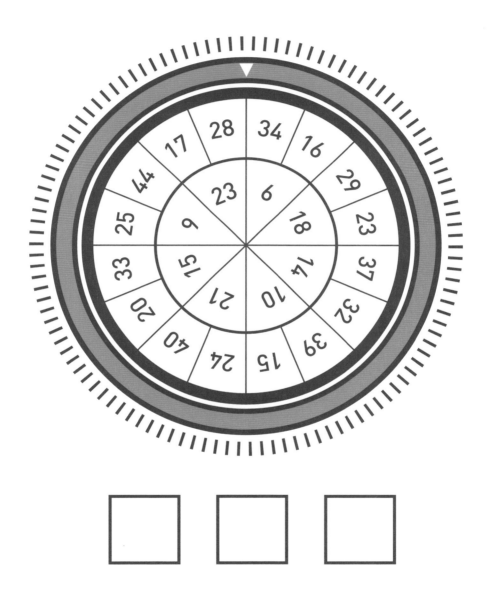

해답 : 192쪽

2. 작전 개시일은 언제일까?

당신은 적국의 비밀 작전에 위장 잠입하라는 지시를 받았다. 적군으로 위장해 잠입하는 데 성공한 당신은 비밀 작전의 시작 날짜가 적힌 쪽지를 받았다. 쪽지에는 다섯 줄로 그려진 기호들과 역사적 사건이 쓰여 있었다. 이게 뭐냐고 묻자, 그들은 첫 번째 줄의 기호가 제2차 세계대전이 끝난 해를 의미한다고 말했다. 이 힌트와 아래 단서를 활용해 마지막 줄의 기호가 의미하는 작전 개시일을 맞혀보자.

단서

- 미국 남북전쟁이 끝난 해
- 제2차 세계대전이 끝난 해
- 베를린 장벽이 무너진 해
- 미국에서 911 테러가 일어난 해

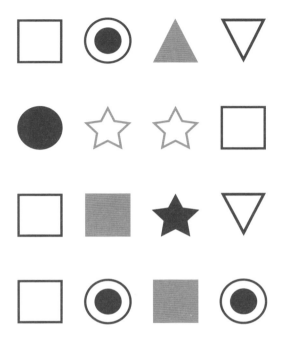

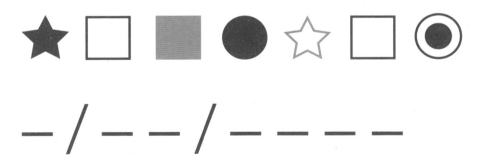

3. 선배에게 배우는 지혜

다음 이야기는 가상이 아닌 실제로 일어났던 일이다. 앞으로 당신의 임무 수행에 도움이 될 전설적인 선배의 사례이니 잘 새겨듣길 바란다.

1960년, 아프리카 콩고에 배속된 영국의 MI6 정보원 다프네 파크Daphne Park는 생명을 위협받는 상황에 직면했다. 그녀는 시트로엥Citroën 2CV[당시 프랑스에서 가장 흔한 경차]을 타고 빈민촌 거리를 지나고 있었다. 그 순간, 식민지 지배국이었던 프랑스에 증오심을 지닌 채 마체테를 휘두르는 폭도가 자신을 향해 다가오는 것을 보았다.

이 상황에서 그녀가 대처한 방법은 보기 A~D 중 어느 것일까? 어쩌면, 아래에 있는 그녀의 사진이 단서로 작용할 수도 있겠다.

☐ A. 그녀는 차를 멈추고 외교 서류를 꺼내 창밖으로 흔들었다.

☐ B. 그녀는 기자 신분증과 카메라를 목에 둘렀다.

☐ C. 그녀는 총을 꺼내 차창을 열고 허공을 향해 두 발을 쏘았다.

☐ D. 그녀는 차를 세우고 후드를 연 다음 말했다. "오, 도와주러 와줘서 정말 고마워요. 목적지에 거의 다 왔는데, 내 카뷰레터에 문제가 있는 것 같거든요."

다프네 파크

해답 : 192쪽

4. 숫자에 숨은 의미

1 | 당신은 처음으로 단독 임무가 아닌 협동 임무에 배정받았다. 현장에 도착하니 이미 요원 다섯 명이 와 있었다. 이번 임무에서 각 요원은 이름에 따라 번호가 부여된다.

JAN(얀)은 요원 10
JANE(제인)은 요원 12
SEAN(숀)은 요원 16
JON(존)은 요원 15이다.

JOHANNES(요하네스)에게는 어떤 번호가 부여되었을까?

- -

2 | 당신은 곧바로 요원 12에게 아래와 같은 메시지를 전달받았다. 그러나 그녀는 암호를 해독할 열쇠를 주지 않았다. 아무래도 당신을 이중 스파이라고 의심하는 눈치다. 할 수 없이 당신은 나열된 숫자를 읽을 방법을 직접 찾기로 했다. 숫자가 나타내는 메시지는 무엇일까?

5335 7718
771 51 337
53045 57735 345

- -

- -

- -

해답 : 192쪽

5. 내 잔이 바뀐 것 같다

당신은 사업가로 위장해 호텔 바에서 비즈니스 파트너 두 명과 술을 마시고 있다. 당신이 서류 가방에서 서류를 꺼내려 몸을 숙였다 일으킨 순간, 당신의 음료가 바뀐 것 같은 의심이 든다. 방금 전에는 유리잔 속 음료가 절반이 채 남지 않았는데, 지금은 절반이 약간 넘는 것 같다. 유리잔에는 아무 표시도 없다. 잔에 음료가 반 이상 차 있는지 확실하게 알아내는 방법은 무엇일까?

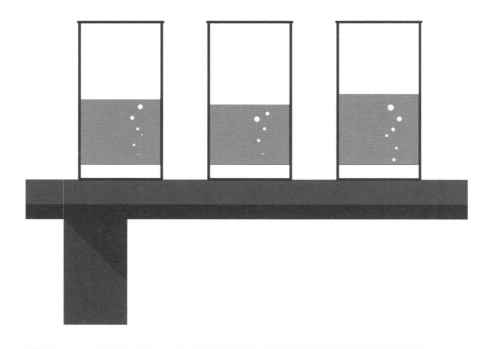

해답 : 192쪽

6. 자유로 가는 계단

이번 연락책과의 접선 장소는 미국의 수도 워싱턴 D.C.에 있는 링컨 기념관이다. 그러나 접선 시간과 장소가 새어나갔다는 첩보를 입수했다. 이 말은 다른 스파이들이 당신으로 위장해 정보를 가로챌 수도 있다는 뜻이다. 따라서 당신은 계단을 오르는 규칙을 정하고, 연락책이 당신을 알아보는 암호로 이 규칙을 쓰기로 했다.

기념관 입구 앞에 87개의 계단이 있다. 계단을 올라 0부터 87까지 가는 길에 일정한 위치마다 번호를 매겨놓았다. 계단을 오르며 이 위치를 정확히 통과해야 한다. 이때 목적지인 87에 도착하기 전까지 지나가는 위치의 번호를 모두 더한 값은 87이 되어야 한다. 당신은 선을 따라 원하는 만큼 위아래로 자유롭게 이동할 수 있지만, 한번 밟은 계단으로 돌아갈 수는 없다. 길을 어떻게 지나야 연락책과 만날 수 있을까?

해답 : 193쪽

7. 두 대의 기차

정보국은 당신에게 이중 스파이로 의심되는 자가 적 조직원과 곧 접선할 것이라는 정보를 보내왔다. 두 표적의 출발 위치는 전달받았지만, 접선 장소와 시간은 모르는 상태다.

표적들이 타고 이동하는 기차는 서로 600km 떨어져 있고, 두 기차 모두 오후 2시에 출발한다. 스파이 용의자는 평균 50km/h 속도의 기차를 타고 서쪽에서 이동한다. 적 조직원은 평균 70km/h로 달리는 기차를 타고 동쪽에서 이동한다. 이 노선을 따라 25km 간격으로 23개의 역이 있다.

두 기차가 처음 만났을 때 접선이 이루어진다면, 그들이 접선하는 역 번호와 그 시간은 언제일까?

서쪽   동쪽

이중 스파이   적 조직원

  50km/h   70km/h

1   2   3   4   5   6   7   8   9   10   11   12   13   14   15   16   17   18   19   20   21   22   23

600km

해답 : 193쪽

8. 최단 경로 찾기

당신은 현재 임무지에서 테러 조직으로 추정되는 단체를 궤멸할 방안을 찾고 있다. 마침 테러 조직에 관해 중요한 정보를 가진 정보 제공자를 포섭하는 데 성공했다. 오늘 작은 농촌 마을을 흐르는 강가에서 그 정보원을 만나기로 했다.

그러나 이 접선의 일정과 위치가 적에게 노출되었을지도 모른다는 소식이 들려왔다. 어렵게 잡은 기회를 놓칠 수는 없었기에, 제보자를 만나고 가능한 한 빠르게 은신처로 돌아와야 한다.

당신은 마을 교회에서 강가로, 강가에서 은신처로 가는 가장 빠른 길을 찾아야 한다. 따라서 접선할 위치는 교회와 접선지, 은신처를 가장 짧은 경로로 잇는 지점이다. 아래 지도에서 만나기로 한 정확한 지점을 표시해보자. 조건에 맞는 접선지는 어디일까?

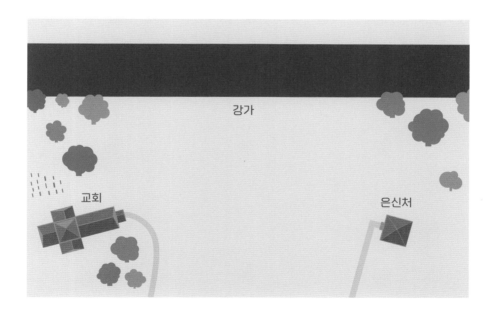

해답 : 194쪽

9. 아홉 개의 점

이번 임무를 성공적으로 수행한 당신은 정보국에 복귀해 임무 보고를 기다리고 있다. 옆에서 커피를 마시던 동료 요원이 다가왔다. 그는 수첩을 꺼내 종이에 펜으로 점을 몇 개 찍고는, 당신에게 건네며 이렇게 말했다.

"국장님을 만나려면 시간이 꽤 걸릴 거야. 심심할 테니 퀴즈 하나 풀어볼래? 내가 찍은 점 9개를 직선 4개만 그어서 모두 이어봐. 단, 펜을 종이에서 떼거나 왔던 길을 다시 돌아갈 수는 없어."

선을 어떻게 그어야 퀴즈를 풀 수 있을까?

해답 : 194쪽

10. 기묘한 사무실

당신은 아래 도면과 같은 사무실 건물에 들어가 X로 표시된 작업실에서 문서를 가져와야 한다. 그러나 문제가 있다. 작업실 X를 여는 비밀번호가 그 작업실을 제외한 모든 방에 하나씩 흩어져 있다는 것이다! 비밀번호를 누르는 기회는 한 번뿐이므로 모든 숫자를 완전히 모아야 작업실에 들어갈 수 있다. 정보국 기술팀이 경비를 피할 수 있도록 CCTV를 조작하고 있지만, 시간이 충분하지는 않다.

따라서 문서가 있는 작업실에 도달하기 전에 모든 방에 동선 낭비 없이 한 번씩만 들어가야 한다. 단, 출발점에는 CCTV가 없으므로 필요한 경우에는 다시 지나갈 수 있다. 최대한 효율적으로 작업실 X에 도착하려면 경로를 어떻게 설계해야 할까?

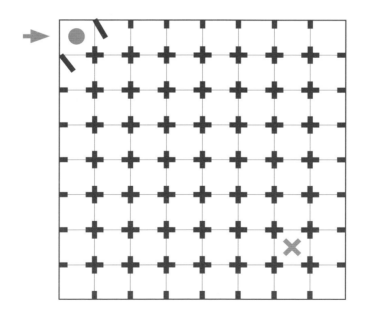

해답 : 194쪽

19

11. 정신적 민첩성을 키워라

정신적 민첩성mental agility은 비밀 요원이 갖춰야 할 가장 핵심적인 기술이다. 정신적 민첩성을 키워주는 짧은 연습 문제들을 풀어보자. 문제를 더 재미있게 풀고 싶다면 시간 제한을 두면 된다. 어려움(15분), 보통(30분), 쉬움(45분)으로 시간 제한을 두고 난이도를 선택하라.

설정한 시간 안에 암호를 풀고 모든 문제를 해결해보자. 조여오는 시간의 압박 속에서 논리력과 수평적 사고가 더욱 향상될 것이다.

1 | 아래 암호를 해독해보자. 암호화된 메시지는 무엇일까?(단서 : A=14, N=1)

7 21 18   17 2 8 15 25 18

14 20 18 1 7   21 14 6

18 6 16 14 3 18 17   7 2

14 25 20 22 18 5 6

10 22 7 21   19 22 25 18

2 | 8×8 체스 판에서 찾을 수 있는 정사각형은 모두 몇 개일까?

3 | 당신이 파리의 에펠탑 꼭대기에 올라가야 한다면, 여름보다는 겨울에 올라가는 것이 더 빠르고 쉽다. 그 이유는 무엇일까?

4 | 아래 메시지로 상대와의 미팅 시간을 추리해보자. 미팅 시간은 언제일까?(단서 : 박사의 이름)

"하루 중 그가 가장 좋아하는 시간에 팰린드롬palindrome 박사를 만나라."

5 | 전체 질량의 단 2%를 차지할 뿐이지만 전체 에너지의 20%를 사용하는 것은 무엇일까?

6 | 1×2=3, 3×4=21, 5×6=55, 7×8=105라면, 6×5는 무엇일까?

7 | 다음 사건들이 발생한 연도의 공통점은 무엇일까?

- 유럽의 첫 지폐가 스웨덴에서 발행되었다.
- 토머스 쿡Thomas Cook은 호주를 발견한 세계 일주 항해를 마치고 돌아왔다.
- 미국 대통령 제임스 A. 가필드James A. Garfield가 암살당했다.
- 소련이 붕괴하고 냉전이 종식되었다.

8 | 2=6, 3=12, 4=20, 5=30, 6=42라면, 10=?에서 물음표 자리에 들어갈 숫자는 무엇일까?

9 | 당신은 팀장으로부터 "결혼 20주년 기념식에 참가하라."라는 초대를 받았다. 사실 이 메시지는 팀장이 당신에게 다음 비밀 임무를 수행할 나라를 말해주는 힌트다. 어느 나라로 가야 할까?

10 | 아래 16개 단어를 표의 칸마다 하나씩 넣어야 한다. 단, 각 가로줄에는 공통점이 있는 단어끼리 4개씩 배치해야 한다. 단어를 어떻게 묶을 수 있을까?

Peace
(평화)

Pocket
(주머니)

Foil
(은박)

Bird
(새)

Cue
(신호)

Wailing
(일류의, 울부짖는)

Jack
(잭)

Pot
(냄비)

Berlin
(베를린)

Sabbath
(안식일)

Stripes
(줄무늬)

Nails
(손톱, 못)

Rack
(랙, 선반)

Ball
(볼, 공)

Great
(위대한)

Golf club
(골프채, 골프클럽)

해답 : 195쪽

12. 지켜야 할 주량

CIA 요원 두 명이 바에서 맥주를 마시고 있다. 그들 중 한 요원은 이번 달에는 반드시 하루 400mL 이하로만 술을 마신다는 자신만의 규칙을 정해놓았다. 그들은 맥주 두 잔을 주문하면서 바텐더에게 맥주 한 잔은 400mL만 채워달라고 부탁했다. 그러나 바텐더가 난처해하며 말했다. "저희 가게에는 700mL와 500mL 잔만 있어서 곤란한데요."

요원은 뭔가를 골똘히 생각하다가, 자신과 동료가 700mL와 500mL 잔으로만 정확히 400mL를 측정할 수 있는 방법을 찾아냈다. 어떻게 하면 요원이 맥주를 정확히 400mL만 마실 수 있을까?

단서

- 잔에 어떤 표시를 하거나 다른 기구를 사용하지는 않았다.
- 요원은 400mL를 맞추기 위해 맥주를 리필하거나 따라 버리기도 했다.
- 요원이 찾아낸 방법은 그가 생각할 수 있는 가장 효율적인 방식이었다.

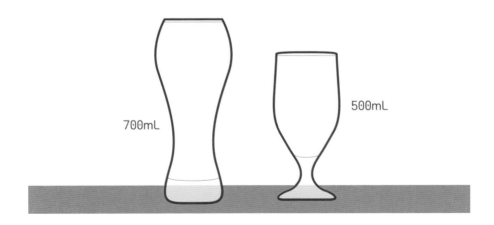

해답 : 195쪽

13. 마지막 접선

정보원에게 새로운 정보를 받았다. 주요 군납 계약 업체를 비롯한 핵심 기업인 5명과 스파이 용의자가 비밀리에 사업 회의를 계획하고 있다는 정보였다. 이미 5번이나 접선해 회의를 진행해왔으며 토요일에 마지막으로 접선해 최종 합의를 한다고 했다.

그러나 국가 안보에 가장 큰 위험으로 여겨지는 마지막 회의 일정은 밝혀지지 않았다. 이전 접선은 모두 이른 아침에, 시 외곽의 작은 커피숍에서 이루어졌다. 당신은 이전의 접선 요일과 시간을 살펴보다가, 접선 시간이 일정한 규칙에 따라 정해진다는 사실을 발견했다. 토요일의 마지막 접선 역시 이 규칙을 따를 가능성이 높다.

다음 가능한 접선 시간 중 규칙에 맞는 시간은 언제일까?

이전 접선 시간			가능한 토요일 접선 시간
월요일	…	6:30	6:15
화요일	…	7:30	7:45
수요일	…	9:35	8:30
목요일	…	8:45	9:35
금요일	…	6:40	

해답 : 195쪽

14. 괴짜 백만장자

당신은 갑자기 유명해진 괴짜 사업가를 스파이로 의심하고 있다. 우선 우연을 가장한 채 그를 레스토랑에서 만났다. 당신은 의혹이 맞는지 판단할 실마리를 찾기 위해 합석을 제안했고, 그는 흔쾌히 수락했다. 사업가는 자신이 처음 100만 달러를 저축했던 일화를 들려주다가 이런 질문을 던졌다. 답해보자.

"나는 첫 날에 1센트를 저금했고, 다음날은 2센트, 그다음 날은 4센트를 저금했습니다. 계속 전날 금액의 두 배씩 저금하는 방식으로 저축해나갔지요. 이렇게 100만 달러를 모으는 데 며칠 걸렸을까요?"(단, 1달러는 100센트이다.)

해답 : 195쪽

15. 성냥개비로 할 수 있는 일

당신은 다른 요원과 함께 동유럽의 은신처에 숨어 있다. 은신처는 매우 기본적인 것만 갖춰져 있다. 테이블 하나, 의자 두 개, 침대 두 개, 약간의 기본 식량, 그리고 성냥 한 갑이 있다. 은신처에서 안전한 출국을 도와줄 본부의 연락을 기다리고 있지만, 소식이 오려면 짧게는 몇 시간, 길게는 며칠까지 걸릴 것이다.

　동료가 말했다. "연락이 오려면 시간이 많이 남았어. 심심풀이로 내가 내는 퀴즈를 푸는 건 어때?" 그는 성냥갑을 들고 오더니 성냥들을 늘어놓았다. 열 가지의 성냥개비 퍼즐을 모두 해결해보자.

1 | 성냥개비 3개를 움직여 정사각형 4개를 만들어라.

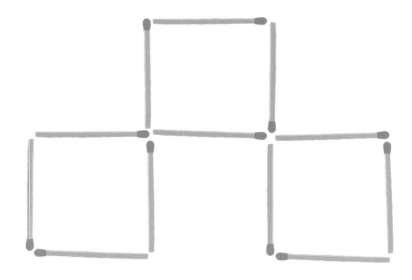

2 │ 성냥개비 3개를 움직여 정사각형 3개를 만들어라.

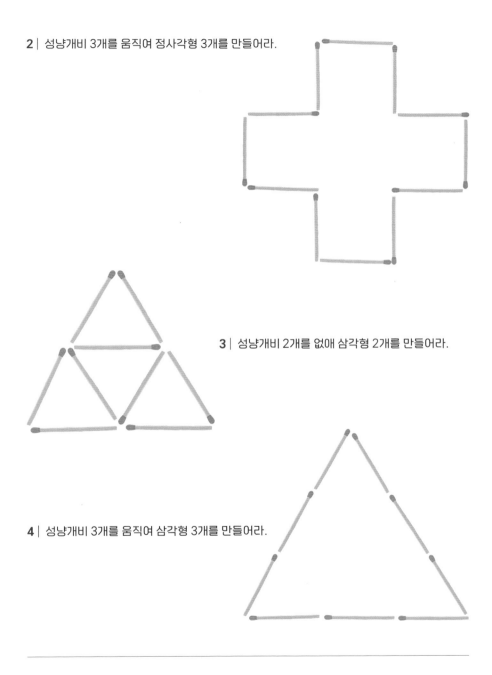

3 │ 성냥개비 2개를 없애 삼각형 2개를 만들어라.

4 │ 성냥개비 3개를 움직여 삼각형 3개를 만들어라.

5 | 성냥개비 2개를 움직여 삼각형 3개를 만들어라.

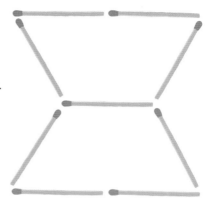

6 | 성냥개비 2개를 움직여 다음 계산이 성립하도록 만들어라.

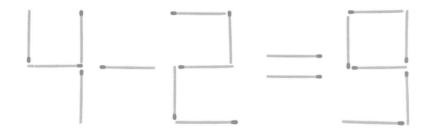

7 | 성냥개비 2개를 더해 다음 계산이 성립하도록 만들어라.

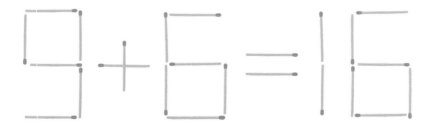

8 | 성냥개비 2개를 움직여 가능한 가장 큰 수를 만들어라. (단, 수학 기호는 사용할 수 없다.)

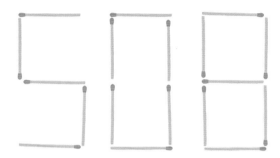

9 | 성냥개비 1개를 움직여 다음의 계산이 성립하도록 만들어라.

10 | 성냥개비로 12를 나타낸 다음, 그 모양을 반으로 갈랐을 때 7이 나타나게 만들어라.(단, 원하는 만큼 성냥개비를 추가하거나, 버리거나, 재배열할 수 있다.)

해답 : 196쪽

16. 정확한 회의 시간

당신은 초 단위까지 따질 정도로 시간 엄수에 극도로 철저한 팀장과의 회의에 참석해야 한다. 팀장은 오후 12시를 가리키고 있는 아날로그 벽시계를 힐끗 보고는, '지금 이후 첫 번째로 시침과 분침이 정확히 같은 위치에 오는 시간에 회의를 할 예정'이라고만 설명한 뒤 사무실을 나갔다.

당신은 책상에 앉아 시계를 바라보며 머리를 긁적였다. 정확히 몇 시 몇 분 몇 초에 회의에 참석해야 할까?

해답 : 197쪽

17. 크라임 씬

아래는 공중 화장실에서 벌어진 범죄 현장이다. 한동안 중요한 정보를 제공하던 이중 스파이가 가운데 있는 소변기 앞에서 푹 쓰러져 숨진 채 발견되었다. 소변기 위와 아래에는 피가 흥건하다.

목격자는 아직 나오지 않았지만, 옆에 있던 동료 요원은 현장을 보고는 남자 두 명이 있었을 거라고 말했다. 동료는 무엇을 근거로 현장에 두 남자가 있었다고 추측했을까?

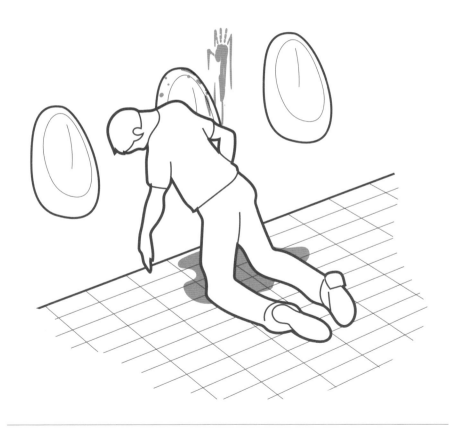

해답 : 198쪽

18. 쇼핑 리스트

호텔 복도에서 정보원이 중요한 서류를 들고 기다리고 있다. 당신은 엘리베이터를 타고 올라가야 한다는 사실은 알고 있지만, 몇 층에서 만나는지는 정확하게 모르는 상태다. 층에 대한 정보는 아래와 같이 쇼핑 리스트처럼 보이도록 위장된 암호 메시지에 담겨 있다.

암호에 숨은 10자리 숫자를 모두 더하면 올라갈 층을 알 수 있다. 당신은 몇 층으로 가야 할까?

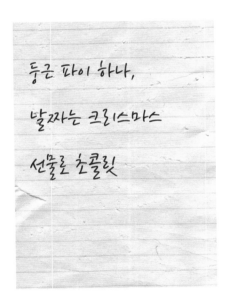

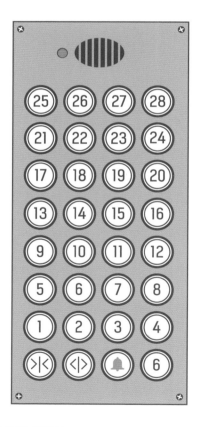

해답 : 198쪽

19. 네 개의 모자

현장 요원 4명이 적의 점령 지역에서 생포되었다. 그런데 적들은 요원들을 협상 카드로 이용하기보다 잔인한 게임을 하는 것에 더 관심이 있는 듯하다.

그들은 요원 4명 모두 모자를 쓰게 했다. 요원들은 자신의 모자 색깔은 모르지만 두 명은 검은 모자, 두 명은 흰 모자를 쓴다는 말을 들었다. 한 명은 벽을 마주하고 있고, 나머지 세 명은 벽 너머에 한 줄로 서 있다. 당연히 뒤를 돌아보거나 벽 너머에 있는 사람을 볼 수는 없다.

4명 중 적어도 1명이 20초 안에 자신이 쓰고 있는 모자의 색깔을 맞혀야 한다. 기회는 단 한 번뿐이며, 맞히지 못하면 4명 모두 즉시 사살될 것이다. 다행히 요원들은 오랫동안 호흡을 맞춰왔기에 서로에 대한 신뢰가 두터운 상태다.

10초가 채 흐르기 전에, 요원들 중 누군가가 확신에 찬 목소리로 자신의 모자 색깔을 외쳤다. 이 요원은 A~D 중 누구였을까?

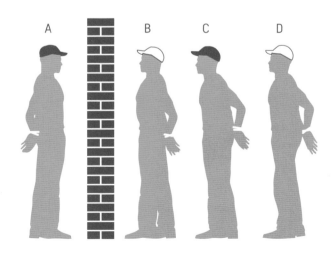

해답 : 198쪽

20. 열한 개의 수류탄

현장 요원 셋이 위험한 분쟁 지역 한복판에 파견되었다. 그들에게 수류탄 12개가 지급되었고, 다음과 같이 분배하라는 지침을 받았다.

요원 1에게는 절반을 제공하라.
요원 2에게는 4분의 1을 제공하라.
요원 3에게는 6분의 1을 제공하라.

그러나 검사 결과, 수류탄 한 개가 불량으로 드러나 쓸 수 있는 수류탄이 11개밖에 남지 않았다. 지침을 그대로 따르려면 수류탄 11개를 어떻게 나눠야 할까?

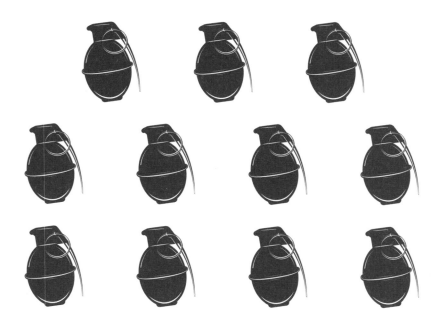

해답 : 198쪽

21. 악수의 의미

당신은 사업가로 위장한 채 비밀리에 활동하고 있다. 당신은 식당에서 비즈니스 파트너 세 명을 만났다. 도착했을 때 모두 서로 악수를 나눴다. 인사말과 잡담이 오간 뒤 잠시 침묵이 흘렀다. 당신은 약간의 어색함을 깨려 세 사람에게 물었다. "오늘 밤 여기서 만났을 때, 우리는 얼마나 많은 악수를 했을까요?"

이 질문은 바라던 효과가 있었다. 세 사람은 진지하게 심사숙고하며 가벼운 의견 차이를 보이기도 했다. 한 명은 악수를 네 번 했다고 대답했다. 또 한 명은 여섯 번, 나머지 한 명은 열두 번이라고 대답했다.

이 중 올바른 대답이 하나 있다. 과연 악수를 한 횟수는 네 번일까, 여섯 번일까, 열두 번일까?

해답 : 198쪽

22. 서류 가방

당신은 테러 조직의 돈세탁 활동에 관한 중요한 정보를 담은 서류 가방을 입수했다. 서류 가방은 비밀번호로 잠겨 있으며, 가방에는 강제로 열려고 하면 내용물을 파괴하는 기능이 탑재되어 있어 무작정 열 수는 없다. 가방 옆에는 암호로 보이는 메시지가 함께 발견되었다. 이 암호 메시지가 서류 가방의 잠금을 해제할 수 있는 열쇠일 것이다.

숫자 1부터 9까지를 사용해 네 자리의 숫자 조합을 찾아내야 한다. 암호 쪽지에 적힌 알파벳은 각각 어떤 숫자를 의미한다고 한다. 당신은 이 힌트에 따라 식을 만족하는 네 자리 숫자 7가지를 찾아낼 수 있었다. 비밀번호 후보 7가지는 각각 무엇일까?

TWO + TWO = FOUR

해답 : 198쪽

23. 숫자 주사위

당신은 동료 요원에게 주사위의 한 면에 숫자 네 개가 적혀 있는 이상한 주사위를 건네받았다. ★ 자리에 들어갈 숫자의 횟수만큼 굴리면 열리는 주사위라고 한다. ★ 자리에 들어갈 숫자는 무엇일까?

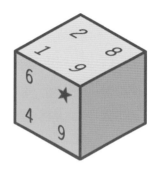

위 그림에서 보이는 면을 포함한 주사위의 네 면에는 숫자들이 아래와 같이 적혀 있다.

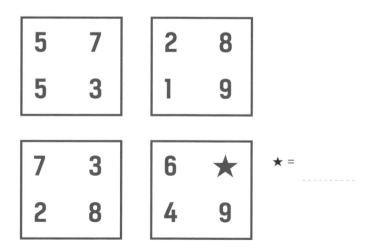

해답 : 198쪽

24. 연필 여섯 자루

당신은 오랜만에 본사로 복귀해 자리에 앉았다. 맨 아래 선반을 열어보니 연필이 여섯 자루 있었다. 연필을 보자 어린 시절에 친구가 정확히 연필 여섯 자루가 필요한 문제를 냈던 기억이 떠올랐다.

문제는 "연필을 부러뜨리지 않고 여섯 자루만 사용해 정삼각형 네 개를 만들 수 있을까?"였는데, 답이 기억나지 않아 연필을 발견한 김에 다시 답을 찾아보기로 했다.

연필을 어떻게 놓아야 정삼각형 네 개를 만들 수 있을까?

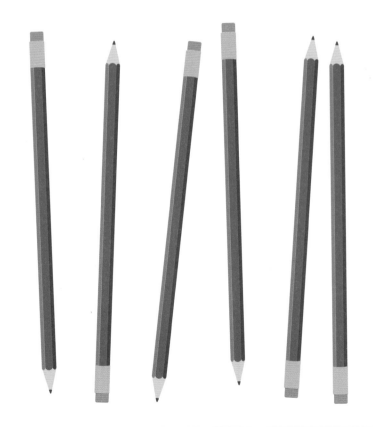

해답 : 198쪽

25. 조작된 항로

당신은 본부의 명령대로 항로를 조작하는 임무를 맡았다. 배 다섯 척이 지도상에서 큰 원으로 표시된 다섯 항구에서 출항하고 있다. 각 선박은 출항한 항구와 같은 색의 더 작은 원으로 표시된 항구로 이동해야 한다. 단, 각 선박이 이동하는 항로는 서로 교차하거나 겹칠 수 없다.

항구를 어떻게 연결해야 모든 항로를 성공적으로 조작할 수 있을까?

해답 : 199쪽

26. 책장의 비밀

당신은 도서관에 도착해 책장에서 정보원의 메시지를 찾고 있다. 아래 책장에 있는 책 중 두 권 안에 정보원이 숨겨놓은 메시지가 있다. 메시지가 있는 책 두 권의 공통점은 제목에 독특한 알파벳 배열로 이루어진 단어가 포함되어 있다는 것이다. 책장 위에는 힌트로 보이는 알파벳이 새겨져 있다. 메시지가 있는 두 권의 제목은 각각 무엇일까?

해답 : 199쪽

27. 수상한 컨테이너

당신은 정보원으로부터 선적 컨테이너 4대가 항만 창고에 도착할 것이라는 제보를 받았다. 많은 군사용 무기가 당신이 있는 나라로 운송되고 있으며, 이 나라에서 활동하는 다양한 테러 조직으로 다시 수송될 예정이다.

컨테이너 4대 중 첫 번째는 오전 5시에 도착하고, 마지막 컨테이너는 오후 9시에 도착할 것이라는 정보를 받았다. 그 사이에 있는 두 컨테이너는 일정한 간격으로 하나씩 도착한다고 한다. 2번과 3번 컨테이너는 각각 몇 시에 항구에 도착할까?

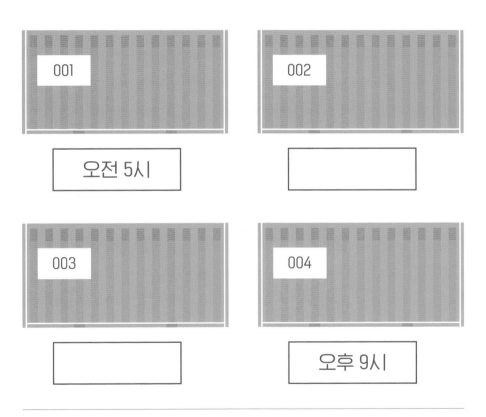

해답 : 199쪽

28. 암호명 수수께끼

당신이 참가하는 프로젝트에 함께 활동할 요원의 암호명이 수수께끼에 숨어 있다. 수수께끼를 풀어 암호명을 밝혀야 한다. 총 9명의 요원에 부여된 암호명은 각각 무엇일까?

1│ 먹으면 죽지만 반드시 먹을 수밖에 없는 것은 무엇일까?

2│ 돌고래는 영어로 돌핀Dolphin이다. 그렇다면 고래는 영어로 무엇일까?

3│ 갈 때마다 늘 말다툼만 일어나는 곳은 어디일까?

4│ 이름을 말하는 순간 사라지는 것은 무엇일까?

-----

5 | 시작할 때는 빨간색이었다가 초록색으로 끝나는 것은?

6 | 검게 태어나서 빨갛게 살다가 하얗게 죽는 것은 무엇일까?

7 | 빛이 빛날 때는 살아 있다가 빛이 사라지면 죽는 것은 무엇일까?

8 | 글씨를 쓸 수는 있지만 읽을 수는 없는 것은 무엇일까?

9 | 고래와 사자가 결혼해서 말을 낳았다. 이 말의 이름은 무엇일까?

해답 : 199쪽

비밀 요원으로서 역량을 최대로 발휘해야 하는 분야는 뭐니 뭐니
해도 역시 추리와 첩보 영역일 것이다. 고정 관념을 벗어던지고, 다
양한 관점에서 관찰하고 추론하며 적이 생각지도 못한 방식으로 임
무를 수행하는 것은 우수한 요원으로서 반드시 갖춰야 할 필수적인
자질이다. 비상한 두뇌와 함께 영악하고 교묘한 첩보 기술을 익혀
적과의 싸움에서 살아남아야 한다. 명심하라. 정정당당한 패배보다
진흙탕 속에서 쟁취한 승리가 훨씬 아름답다는 것을.

CHAPTER 2
추리법·첩보 기술

29. 정체를 숨겨라

요원들은 현장에서 수많은 방법으로 신원을 숨긴다. 그들이 신분을 위장하는 기술은 가짜 외교관 신분증부터 가짜 수염과 머리를 붙이는 것까지 그 범위가 매우 다양하다. 가장 대표적인 위장술은 여행 작가로 변장하는 것이다. 여행 작가는 해외를 자유롭게 다닐 수 있고, 특정 장소를 찾아낼 때 여행지로 위장할 수 있으며, 어떤 곳을 방문할 때마다 열심히 메모를 해도 이상하게 생각하지 않는다.

　47쪽은 여행지로 위장된 임무지를 기록한 내용이다. 그러나 이 중 잘못된 사실이 기록된 도시가 있다. 이 도시는 임무지가 아니므로 방문할 필요가 없다. 당신이 방문하지 않아도 되는 도시는 어디일까?

상하이

중국에서는 서기 700년부터 지문을 식별 수단으로 사용했다.

런던

1474년 영국에서 처음 인쇄된 도서는 ≪퀸즈베리 후작의 규칙≫이라는 제목의 복싱 책이었다.

뉴욕

뉴욕 거리에 심은 자갈들은 과거 벨기에 선박들의 밸러스트(선체의 균형을 잡기 위해 실었던 돌무더기)다.

도쿄

일본에서는 슈퍼마켓에서 더 쉽게 진열하거나 쌓을 수 있도록 네모 모양으로 만든 수박을 살 수 있다.

마닐라

요요는 원래 필리핀에서 사냥용 무기로 사용된 도구였다.

해답 : 200쪽

30. 동전 퍼즐

1 | 동전 7개가 있다. 이 동전들을 모두 사용해 한 줄에 동전이 3개씩 늘어서도록 여섯 줄로 배열하려면 어떻게 해야 할까? 단, 모든 줄은 직선 형태여야 하며, 줄이 서로 평행을 이룰 필요는 없다.

2│ 동전 3개가 있다. 동전 3개가 각각 같은 거리를 유지하는 상태로 테이블 위에서 서로 떨어져 있을 수 있는 가장 먼 거리로 배치하려면 동전을 어떻게 놓아야 할까?

3 | 아래 두 줄로 놓인 동전을 살펴보자. 윗줄에 있는 동전 중 서로 붙어 있는 동전 두 개를 순서를 바꾸지 않은 상태로 세 번 움직여 아랫줄과 같은 상태로 배열해야 한다. 동전을 어떻게 움직여야 할까?

규칙

- 서로 붙어 있는 동전 두 개를 세 번 움직일 때, 매번 같은 동전을 움직일 필요는 없다.
- 동전을 옮길 때 생기는 공간은 다른 동전을 밀어서 메울 수 없다. 그 공간은 다음에 움직일 동전 두 개로만 메울 수 있다.
- 붙어 있는 동전 두 개를 움직일 때, 움직이는 동전 중 적어도 하나는 다른 동전과 붙여 놓아야 한다.

해답 : 200쪽

31. 카스트로를 죽이는 638가지 방법

쿠바의 지도자 피델 카스트로의 집권 기간 49년 동안, 그를 암살하려는 시도는 무려 638건이나 보고되었다. 다음 8가지 방법 중 6가지는 실제로 시도했던 암살 방법이다. 보기 A~H 중 실제로 행해지지 않은 방법 두 가지는 무엇일까?

☐ A. 펜처럼 보이도록 위장한 주사기 바늘로 그를 찔러 독살한다.

☐ B. 카스트로의 아내를 포섭해 아내가 그를 죽이도록 지시한다.

☐ C. 카스트로가 피우는 시가 세트에 치사량의 LSD(강력한 환각제)가 든 시가를 끼워 넣는다.

☐ D. 냉장고 안에 있는, 카스트로가 즐겨 마시던 밀크셰이크에 독을 탄다.

☐ E. 체스 말에 폭탄을 설치해 게임 중에 폭발하도록 한다.

☐ F. 카스트로가 스쿠버다이빙을 할 때, 카스트로가 주목할 만한 화려한 조개껍데기에 폭탄을 설치한 뒤 그가 조개껍데기를 주우면 폭발하도록 만든다.

☐ G. 카스트로의 스쿠버다이빙 잠수복을 독한 병균으로 오염시킨다.

☐ H. 유해한 독성 박테리아로 뒤덮인 손수건을 카스트로에게 건넨다.

해답 : 202쪽

32. 이상한 취조실

한 요원이 임무를 수행하던 중 적 스파이의 함정에 빠져 체포되었다. 그는 취조실로 이동해 정식 심문을 받게 되며, 절차에 따라 석방 여부가 결정된다고 한다. 그러나 요원은 취조실에 들어선 순간 묘한 위화감을 느꼈다. 이곳은 취조실이 아니며 심문자 역시 가짜라는 생각이 강하게 든 것이다.

오른쪽 취조실 그림을 자세히 살펴보자. 그가 이곳을 이상하게 느낀 6가지 요소와 그 이유는 무엇일까?

1 |
----

2 |
----

3 |
----

4 |
----

5 |
----

6 |

해답 : 202쪽

33. 죄수의 식사 시간

다음 세 장의 그림은 수감자의 자백을 받아내기 위해 사용하는 심문 기법 중 하나를 나타낸 것이다. 그림을 보고 어떤 기법인지 설명할 수 있을까?

해답 : 202쪽

34. 신발 끈 암호 만들기

냉전 시대가 한창일 때 CIA는 《사기와 속임수 교본The Official CIA Manual of Trickery and Deception》이라는 책을 만들었다. 이 책은 요원들이 비밀 작전을 수행할 때 도움이 될 만한 다양한 기술들을 설명하기 위해 쓴 것이다. 책 속에는 첩보 장비를 사용하거나, 비밀 메시지를 다른 요원들에게 전달하는 기술 등이 담겨 있다. 이 중 신발 끈이 묶인 패턴을 암호로 사용해 메시지를 전달하는 방법에 관한 내용이 있다.

　오른쪽 페이지에 자신만의 신발 끈 암호를 만들어보자. 정답은 없다. 예를 들어 아래 예시 그림에서 신발 끈이 묶인 모습을 통해 로마자로 나타낸 숫자를 전달할 수 있을 것이다. 당신은 신발 끈을 어떻게 묶어서 어떤 메시지를 전달할 수 있을까?

SIGNAL   MESSAGE

35. 단추 암호 만들기

《사기와 속임수 교본》에서 설명하는 또 다른 신호 전달법은 외투에 미리 표시한 단추를 달거나 모스 부호로 박음질한 스웨터 같은 옷을 입는 것이다.

이처럼 미리 약속한 표시법을 사용하면, 예를 들어 다음과 같은 신호들을 나타낼 수 있다.

- 내가 그 서류를 갖고 있다.
- 나는 미행당하고 있다.
- 길이 막혔다.

비슷한 방식으로 메시지를 전달할 수 있는 다른 방법을 다양하게 생각해보자. 정답은 없다. 예를 들면 타이를 묶는 방법, 다양한 헤어스타일, 액세서리 활용 등으로 메시지를 전달할 수 있다. 생각한 암호를 직접 그리거나 써서 나만의 암호표를 만들어보자.

36. CIA 행동 지침

1 │ 당신은 경비견이 있는 임무지에 파견되었다. 임무 수행 후 당신이 존재했다는 흔적을 모두 지우려면, 경비견을 어떻게 처리하는 것이 가장 바람직할까?

☐ A. 무슨 수를 써서라도 경비견을 피하는 동선을 짠다.

☐ B. 소음기가 달린 권총으로 경비견을 쏜다.

☐ C. 조용히 하라는 신호로 경비견을 진정시킨다.

☐ D. 먹이에 진정제를 넣어 경비견에게 주고, 임무 수행 후 나갈 때 깨우는 주사를 놓는다.

2 │ 반란군이 전쟁 지역에 있는 호텔을 폭격할 위험이 도사리는 가운데, 그 호텔에서 하룻밤을 묵어야 한다고 가정해보자. 침대 옆에 무엇을 두고 잠을 청하는 것이 가장 안전할까?

☐ A. 권총 한 자루

☐ B. 휴대폰

☐ C. 신발

☐ D. 방탄조끼

3 │ 당신이 만약 인질로 잡힌다면, 아래 행동 지침들 중 가장 바람직하지 않은 것은 무엇일까?

☐ A. 당신이 가는 길을 추적할 수 있도록 가는 곳마다 피로 흔적을 남긴다.

☐ B. 납치범들이 당신을 포로로 잡고 싶어 하지 않도록 계속 아픈 척을 한다.

☐ C. 납치범들을 안심시켜 그들이 실수를 저지르도록 매우 순종적이고 연약하게 행동한다.

☐ D. 납치범들이 당신을 위험 인물로 간주해 포로로 잡아둘 생각을 버리도록 자신감 있고 당당한 태도를 취한다.

해답 : 202쪽

37. 폭탄 해체하기

당신은 한 사무실 건물 지하에서 폭탄을 발견했다. 폭발을 막으려면 폭탄을 해체해야한다. 아래와 같이 각각 다른 색의 7가지 전선이 얽힌 기폭장치가 있다. 각 전선은 검은판 뒤에 감춰진 부분을 포함해 두 개의 노드에 폐쇄된 도형을 이루면서 연결되어 있다.

이때 7가지 중 단 한 전선만 겉으로 드러난 다른 와이어나 노드와 교차하지 않고도폐쇄된 도형 형태를 이룰 수 있다. 바로 이 전선을 자르면 폭탄이 터지지 않는다. 폭탄을 해체하려면 어느 색 전선을 잘라야 할까?

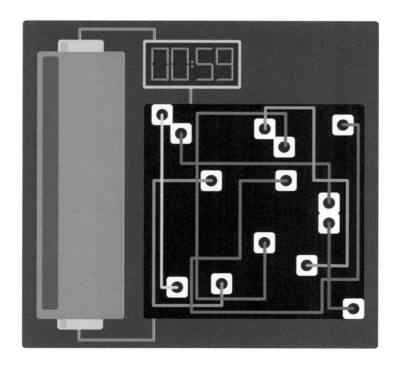

해답 : 202쪽

38. 복잡한 암호

다음은 복잡한 부호를 설정하는 암호화 방법인 주상 전치 암호[본래 문장을 다른 순서로 바꾼 암호]다. 암호를 풀려면 여러 규칙과 단계를 따라 부호화된 메시지를 해독해야한다.

주상 전치 암호(The Columnar Transposition Cipher)란?
1단계 : 주상 전치 암호에서는 암호문과 풀이 코드가 제시된다. 암호문과 풀이 코드는 특정 알파벳을 나열한 형태로 주어진다. 암호문에 적힌 알파벳들을 풀이 코드에 맞춰 배열하면 주상 전치 암호를 해독할 수 있다. 예를 들어 암호문이 WENERITMEKDA이고 풀이 코드가 'A N D'라고 가정해보자. 암호문을 풀이 코드 아래에 세로로 쭉 배열한 뒤 순서를 재배치하면 메시지가 보이는 구조다.

2단계 : 코드에 암호문을 배열하기 전 열과 행의 개수를 설정해야 한다. 열의 개수는 풀이 코드의 글자 수와 같고, 행의 개수는 암호문의 글자 수와 풀이 코드의 글자 수를 나눈 것과 같다. 1번의 예로 살펴보면 암호문이 총 12자이고 풀이 코드는 3자이므로 암호문을 배열할 때 열은 3열, 행은 4행으로 배열하되 배열 순서는 '세로'로 한다. 즉 아래와 같이 배열하면 된다.

```
         [ A N D ]
         [ 1 2 3 ]
          W R E
          E I K
          N T D
          E M A
```

3단계 : 이제 풀이 코드에 적힌 알파벳을 숫자로 바꾼다. 알파벳을 숫자로 바꾸는 규칙은 해당 알파벳이 등장하는 순서다. 즉 풀이 코드 A, N, D 중 알파벳에서 가장 먼저 나오는 단어는 A이므로 A는 1, 그다음으로 나오는 알파벳이 D이므로 D는 2, N은 가장 나중에 나오기 때문에 N은 3이 되는 식이다. 즉 풀이 코드 'A, N, D'는 '1, 3, 2'라는 숫자로 바꿀 수 있다.

4단계 : 풀이 코드의 숫자 순서대로 2단계에서 배열한 암호문의 알파벳을 재배열한다.

[A N D]

[1 3 2]

W E R

E K I

N D T

E A M

5단계 : 순서가 재배치된 암호문을 가로로 읽으면 메시지를 해독할 수 있다.
(WE'RE KIND TEAM)

이제 위 풀이법을 참고해 아래 암호문을 해독해보자. 이 암호문에 담긴 메시지는 무엇일까?

암호문 : ANVEIIAIECHEOLUGIVRNYEIRVDMERTUECDBNDYAAOBSEEIELERVDEALMT
ANE

풀이 코드 : F R I D A Y

해답 : 203쪽

39. 당신은 어디에 앉아 있는가

적 스파이나 내부 밀고자를 수감하고 심문할 때 이들을 어디에 앉히는지도 하나의 기술이 될 수 있다. 예를 들면 매우 불편하거나 매우 편안한 의자에 앉히는 것이 중요한 선택이 되기도 한다. 간단히 말하면 의자 다리가 서로 다르고 딱딱한 의자에 수감자를 앉혀 의도적으로 불편함을 느끼게 하거나, 좋은 음식과 술을 주고 푹신한 의자에 앉혀 경계심을 푸는 행동이 의외로 큰 도움이 될 수도 있다는 뜻이다.

다음은 당신이 심문할 수감자의 간략한 특징이다. 각 수감자를 어떤 의자에 앉혀야 원하는 대답을 들을 확률을 높일 수 있을까?

수감자 1   감정을 잘 드러내지 않고, 말하는 것 자체를 거부하고 있다.

수감자 2   현재 상황을 불안해하며, 앞으로 일어날 일을 두려워하고 있다.

수감자 3   자신감이 넘치고 자기 확신에 차 있다.

수감자 4   귀머거리인데, 실제로 귀가 안 들리는 것이 아니라 안 들리는 척하고 있는 것 같다.

해답 : 204쪽

40. 총을 겨누는 상대에 대처하는 법

무장한 공격자를 대면하는 일은 요원으로서 가장 위험한 시나리오 중 하나다. 당신은 빠르고 침착하며 가장 효율적인 방법으로 대응할 수 있어야 한다. 보기 A~D는 무장 대치 상황에서 가능한 4가지 대응 시나리오다.

당신을 겨누고 있는 총에 맞서 목숨을 지킬 가능성이 가장 높은 대응법은 보기 A~D 중 어느 것일까?

□ A. 총잡이를 향해 빠르고 대담하게 움직이면서 당신이 할 수 있는 어떤 방법으로든 그를 공격한다. 예를 들면, 갈비뼈에 주먹을 날리고 코를 손바닥으로 칠 수도 있다. 즉 폭력적이고 매우 공격적인 방법을 쓰는 것이다.

□ B. 가능한 한 빨리 도망쳐 안전한 위치로 신속하게 움직인다. 가는 길에 나무나 주차된 차 등 총잡이와 당신 사이에 놓인 어떤 장벽이든 이용하라. 핵심은 당신과 총잡이 사이에 거리를 확보해 안전을 도모하는 것이다.

□ C. 총구가 당신을 향하지 못하도록, 총을 순식간에 움켜쥐고 밀어 비튼다. 비트는 동작으로 인해 총잡이의 오른쪽 집게손가락이 부러질 것이다. 당신의 몸무게가 총에 실리도록 발을 계속 움직이며 총구가 당신으로부터 멀어지도록 한다. 이상적인 결과는 총을 빼앗아 뒤로 물러서서 공격자를 겨누게 되는 것이다.

□ D. 당신이 처한 상황에 다른 사람들이 관심을 갖도록 크게 비명을 지르고 고함을 친다. 이렇게 하면 총잡이의 자신감이 떨어지게 된다. 그는 공포에 휩싸여 현장에서 도주할 가능성이 높으므로 당신은 그 반대 방향으로 달려 안전을 확보한다.

해답 : 204쪽

41. 최신 감시 기술

감시 요원을 배치해 은신한 적들의 움직임을 지켜보는 방법은 고전적이지만 현대 스파이 세계에서도 여전히 효과적인 방법이다. 그러나 디지털 시대에 들어서면서 감시 기술은 혁신적으로 진화했다. '보안 감시'와 '감시 회피'는 끊임없이 맞부딪치며 발전한다. 요원들은 감시당하는 것을 경계하는 동시에 타국 스파이들의 활동을 감시해야 하는 모순적인 역할을 담당하고 있다. 따라서 고전적인 감시 기술은 물론 디지털 최신 감시 기술에도 능통해야 한다.

보기 A~D는 4가지 최신 보안 감시 장치와 기술을 소개한 것이다. 그러나 이 중 하나는 실제로 사용되는 기술이 아니다. 실재하는 기술이 아닌 보기는 A~D 중 어느 것일까?

□ A. 몰래카메라 탐지 애플리케이션

자기magnetic 센서를 사용해 휴대폰을 탐지 도구로 바꿀 수 있다. 사용자가 휴대폰으로 몰래카메라가 설치되어 있다고 의심되는 곳을 찍으면, 숨겨진 카메라가 앱에 표시된다.

□ B. 레이저 도청기

레이저를 창문 너머 벽에 걸린 물체(그림, 시계 등)로 쏜다. 음파가 있으면 물체는 진동한다. 레이저는 이러한 진동을 반사한다. 진동은 레이저 빔을 음성 신호로 변환하는 수신기로 돌아가게 하며, 이 과정을 거치면 소리를 녹음하고 대화를 들을 수 있다.

□ C. 반지 카메라

반지에 박힌 보석으로 위장해 몰래 촬영할 수 있는 초소형 카메라가 있다.

□ D. 야간 시력 알약

적외선 스펙트럼과 자외선이 눈을 통과할 수 있도록 탄소 기반의 신소재 물질인 그래핀graphene으로 망막을 코팅해 어두운 곳에서 시력을 증폭하는 알약이 있다.

해답 : 204쪽

42. 인질로 잡혔을 때와 인질을 잡았을 때

당신은 언제든 인질이 되거나, 반대로 인질을 심문하는 입장이 될 수 있다. 인질을 구슬려 정보를 캐내려면 거래의 기술과 요령을 알아야 한다. 반면 인질이 되었을 경우에는 중요한 정보를 누설하지 않는 방법도 알아야 한다.

아래 문제들에는 특정 상황에 대응하는 두 가지 방법이 제시되어 있다. 각 상황에서 가장 바람직한 대응 방법은 A와 B 중 어느 것일까?

1│ 질문 : (수감자에게) 왜 당신이 체포되었다고 생각하는가?

질문 목적 : 종종 수감자가 실수로 예상치 못한 폭로를 할 수 있다.

대응 : ☐ A. 전혀 모른다고 말하거나, 미리 준비한 거짓말로 변명한다.

☐ B. 심문자가 듣고 싶어 할 만한 내용을 적당히 말한다.

2│ 질문 : (수감자에게) 조작된 혐의를 씌워 비난한다.

질문 목적 : 수감자는 조작된 혐의에 대한 알리바이를 제시하면서, 자기도 모르게 그 시간에 실제로 어디에 있었는지 말할 수 있다.

대응 : ☐ A. 간단히 아니라고만 부인한다.

☐ B. 누구나 댈 수 있는 뻔한 알리바이를 댄다.

3│ 질문 : (수감자에게) 별 내용 없는 서류를 작성하도록 요구한다.

질문 목적 : 필체를 확보하기 위해서다.

대응 : ☐ A. 일부러 비뚤어진 글씨체로 쓴다.

☐ B. 거절한다.

4 | 질문 : (수감자에게) 다른 수감자들과 한 방에 넣어 대화하도록 유도한다.

질문 목적 : 곧 개시될 그들의 활동에 관한 작은 단서를 잡기 위해서다.

대응 : ☐ A. 누구와도 말하지 않는다.

　　　 ☐ B. 위험해 보이는 대화에 절대 끼어들지 않는다는 것을 원칙으로 삼는다.

5 | 질문 : (수감자에게) 진술 내용을 시간을 거슬러 반대로 얘기해보라고 요구한다.

질문 목적 : 불일치가 분명히 드러날 수도 있으며, 거짓 진술을 논파하는 데 효과적이다.

대응 : ☐ A. 터무니없다는 이유로 거절한다.

　　　 ☐ B. 진술을 거꾸로 외워둔다.

6 | 질문 : (수감자의) 콧날을 조용히 응시하며 침묵한다.

질문 목적 : 매우 불안정한 상태에서 사람을 관찰하기 위해서다. 침묵이 계속되면 수감자는 저절로 입을 열 수 있다.

대응 : ☐ A. 마주 본다.

　　　 ☐ B. 눈을 감는다.

7 | 질문 : (수감자에게) 말도 안 되는 말을 하고, 말도 안 되는 질문을 한다.

질문 목적 : 분별력을 잃어가고 있다고 생각하게 만들기 위해서다.

대응 : ☐ A. 더 많은 시간을 벌기 위해 심문자가 터무니없는 질문을 계속하도록 한다.

　　　 ☐ B. 그들과 똑같이 말도 안 되는 답을 한다.

8 | 질문 : 가짜 녹음기를 사용해, 녹음기가 꺼졌다고 한 뒤 수감자가 완전히 사적인 대화를 하도록 한다.(그러나 사실 모든 대화는 숨겨진 녹음기에 녹음되고 있다.)

질문 목적 : 억류자가 정보를 누설하도록 한다.

대응 : ☐ A. 어떤 심문도 결코 '완전히 사적인 것'은 없다는 사실을 숙지한다.

　　　 ☐ B. 중요하지 않은 정보를 한두 개 제공해 신뢰를 쌓고 있다는 것을 보여준다.

해답 : 204쪽

43. 모스 부호 메시지

모스 부호는 1830년대부터 통신 신호를 통해 메시지를 보내는 방법으로 널리 쓰여왔다. 각 문자에는 수신기로 전송되는 길고 짧은 전기 자극을 결합한 고유 코드가 부여된다. 모스 부호는 CIA를 비롯한 전 세계 정보기관에서 암호나 보안 코드 등으로 여전히 자주 사용되고 있다. 다음은 일반적으로 쓰이는 모스 부호를 나타낸다.

A	•−	L	•−••	W	•−−	1	•−−−−
B	−•••	M	−−	X	−••−	2	••−−−
C	−•−•	N	−•	Y	−•−−	3	•••−−
D	−••	O	−−−	Z	−−••	4	••••−
E	•	P	•−−•			5	•••••
F	••−•	Q	−−•−			6	−••••
G	−−•	R	•−•			7	−−•••
H	••••	S	•••			8	−−−••
I	••	T	−			9	−−−−•
J	•−−−	U	••−			0	−−−−−
K	−•−	V	•••−				

앞선 부호를 보거나 외워서 동료 요원이 건넨 첩보 메시지를 해석해보자. 아래 모스 부호 메시지에 담긴 내용은 무엇일까?

```
••• •••• • / •••• •- ••• /
••-• •-•• --- •-- -• / - ---
/ -••• • •- •• •-• •• -••
/ •-- •• - ••••
/ -•• --- ••• ••• •• • •-•
```

해답 : 204쪽

CIA나 MI6 같은 정보기관은 그 나라뿐 아니라 전 세계를 무대로 각
지에서 다양한 임무를 수행한다. 따라서 정보원이라면 국제 관계와
세계 지리, 문화와 통계학에도 능통해야 한다. 이 장에서는 당신이
어느 나라의 어느 지역을 가든 그곳의 문화와 상황에 알맞게 행동
할 수 있는지를 시험한다. 당신의 기민함과 판단력은 기본적인 지정
학적 지식을 갖췄을 때 비로소 빛을 발할 수 있을 것이다.

CHAPTER 3
국제 관계 · 세계 지리

44. 글로벌 링크

세계의 다양한 곳에서 임무를 수행하려면 그 지역에 관한 기초 지식이 필수다. 각 문제에 등장하는 지역들은 어떤 공통점이 있다. 그 공통점을 찾아 모든 문제를 해결해보자.

1 │ 중국은 상하이, 네덜란드는 로테르담, 프랑스는 마르세유, UAE(아랍에미리트연방)는 두바이다.
그렇다면 미국은 어느 도시일까?

2 │ 앤티가 바부다
아르헨티나
키리바시
우루과이
북마케도니아
함께 나열될 수 있는 나라는 어디일까?

3 │ 캐나다, 레바논, 적도 기니 국기의 공통점은 무엇일까?

4 │ 사이프러스(키프로스)와 코소보 국기의 공통점은 무엇일까?

5 │ 이집트와 알바니아 국기의 공통점은 무엇일까?

6 │ 나이지리아는 라고스, 일본은 도쿄, 인도는 델리, 캐나다는 토론토다.
그렇다면 브라질은 어느 도시일까?

7 │ 1년에 한 번, 아시아와 아메리카를 이어주는 곳은 어디일까?

8 │ A~D가 나타내는 나라의 공통점을 찾아보자. 공통점에 따르면, E에 들어갈 나라는 보기 ①, ②, ③ 중 무엇일까?

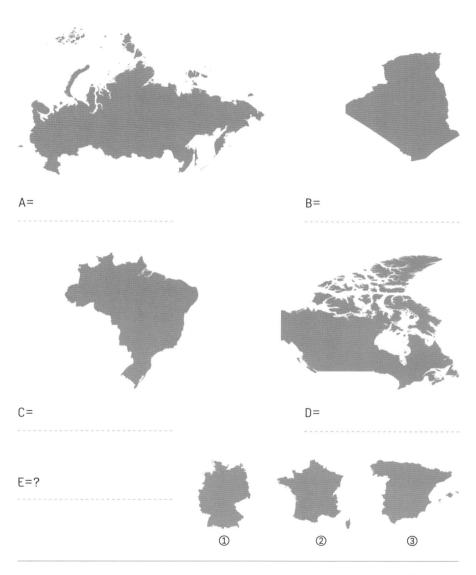

A=

B=

C=

D=

E=?

① ② ③

해답 : 205쪽

45. 세계의 국기

당신은 비밀 요원으로서 전 세계 나라의 국기에 관한 정보에 빠삭해야 한다. 국기를 아는 것이 뭐가 중요하냐고 반문할지도 모르지만, 국기를 보면 그 나라가 무엇을 중요하게 생각하는지, 그 나라의 상징은 무엇인지 등을 이해할 수 있다. 이와 같은 사실에 유의하며 국기를 관찰·분석하면 특산물의 기원, 용의자의 국적, 국제 기밀 문서의 맥락을 비롯해 임무에 필요한 많은 단서를 파악할 수 있다. 다음 문제들을 풀어보자.

1 │ 보기 A~D는 각각 어떤 나라의 국기일까?

A=

- -

B=

- -

C=

- -

D=

- -

2-1 | 위 국기는 어느 나라의 국기일까?

☐ 바레인

☐ 투발루

☐ 네팔

☐ 파푸아뉴기니

2-2 | 이 국기가 다른 나라 국기와 가장 다른 점은 무엇일까?

3-1 | 국기에 십자가(+ 형태, x 형태 모두 포함)가 있는 나라는 모두 몇 곳일까?

☐ 1곳 ☐ 2곳 ☐ 3곳 ☐ 4곳

3-2 | 국기에 십자가가 있는 나라의 이름을 최대한 많이 말해보자.

4 | 알제리의 국기는 보기 A~D 중 어느 것일까?

☐ A.

☐ B.

☐ C.

☐ D.

해답 : 205쪽

46. 분쟁 지역 파일

다음 파일들을 읽어보자. 각각 어느 나라를 설명하는 파일일까?

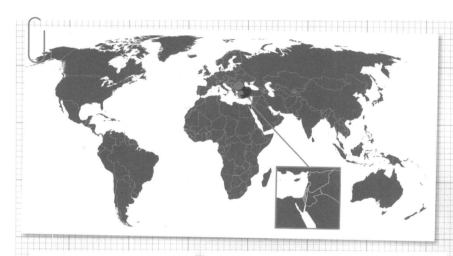

분쟁 지역 상태
CFR(미국 외교 협회) 지정
적색 경보(위험 단계)*

──────────────

* 미국의 이익에 미치는 영향을 기준
　으로 한 분쟁 지역 현황

국가명 :

1

건국 : 1949년
인구 : 8,424,904명
면적 : 20,769km²
1인당 GDP : 39,121달러
수입 : 686억 달러
수출 : 581억 달러
종교 : 유대교 74.5%, 이슬람교 17.7%
문해율 : 97.8%

1 |

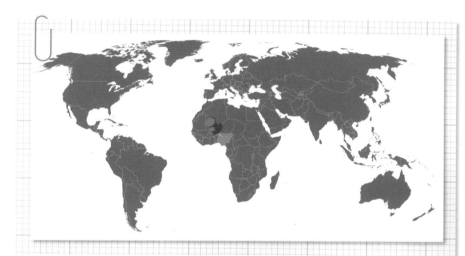

분쟁 지역 상태
CFR(미국 외교 협회) 지정
황색 경보(심각 단계)

국가명 :

2

건국 : 1963년
인구 : 203,452,505명
면적 : 923,768km²
1인당 GDP : 5,900달러
수입 : 352억 달러
수출 : 408억 달러
종교 : 이슬람교 51.6%, 로마가톨릭교 11.2%
문해율 : 59.6%

2 |

분쟁 지역 상태
CFR(미국 외교 협회) 지정
적색 경보(위험 단계)

국가명 :

건국 : 1945년

인구 : 25,381,085명

3

면적 : 120,540km²

1인당 GDP : 1,700달러

수입 : 437억 달러

수출 : 458억 달러

종교 : 무교 64.3%, 토속 신앙 16%

문해율 : 100%(자가 보고 수치)

3 |

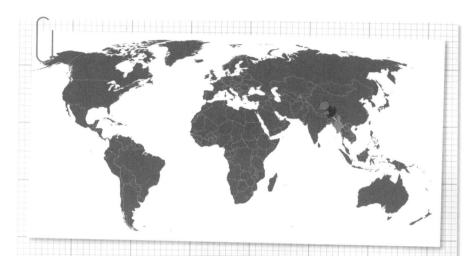

분쟁 지역 상태
CFR(미국 외교 협회) 지정
녹색 경보(제한 단계)

국가명 :

4

건국 : 1948년
인구 : 55,622,506명
면적 : 676,578km²
1인당 GDP : 6,300달러
수입 : 158억 달러
수출 : 98억 달러
종교 : 불교 87.9%, 기독교 6.2%
문해율 : 75.6%

4 |

해답 : 205쪽

47. 세계의 정보기관

전 세계 정보기관에 대한 지식 역시 필수적이다. 첩보계에서는 "우호적인 국가는 있어도 우호적인 정보기관은 없다."*라는 격언이 있다. 세계의 수도와 도시, 크고 작은 거리와 건물들은 모두 정보기관들이 부딪치는 전쟁터와 다름없다.

문항 1~15번은 국가를, 보기 A~O는 정보기관을 나타낸다. 국가와 정보기관을 알맞게 짝지어보자. 각 문항의 빈칸에 들어갈 정보기관은 무엇일까?

국가

1│ 아프가니스탄 :

2│ 호주 :

3│ 캐나다 :

4│ 중국 :

5│ 독일 :

6│ 이란 :

7│ 이스라엘 :

8│ 일본 :

9│ 뉴질랜드 :

10│ 북한 :

11│ 파키스탄 :

12│ 러시아 :

13│ 남아프리카 공화국 :

14│ 영국 :

15│ 미국 :

세계의 정보기관

A. VAJA(정보부. Ministry of Intelligence)

B. Mossad(정보 및 특수임무연구소. Secret Intelligence Service)

C. ASIO(보안정보기구. Security Intelligence Organisation)

D. MSS(국가안전부. Ministry of State Security)

E. NICOC(국가정보조정위원회. National Intelligence Co-ordinating Committee)

F. CIRO(내각정보연구사무소. Cabinet Intelligence and Research Office)

G. NDS(국가안전부. National Directorate of Security)

H. CIA(중앙정보부. Central Intelligence Agency)

I. NZSIS(보안정보국. Security Intelligence Service)

J. 정찰총국(Reconnaissance General Bureau)

K. CSIS(보안정보국. Security Intelligence Service)

L. BND(연방정보부. Bundesnachrichtendienst)

M. FSB(연방보안국. Federal Security Service)

N. ISI(정보부. Inter-Services Intelligence)

O. SIS/M16(비밀정보국. Secret Intelligence Service)

* 이 말은 CIA 작전 지휘부 출신으로, 현재 텍사스 A&M대학교에서 조지 부시 행정공무학교 교수로 재직 중인 제임스 올슨의 격언이다.

해답 : 205쪽

48. 어느 산맥일까?

보기 A~D는 산맥 이름과 속한 대륙을, 문항 1~4번은 해당 산맥을 찍은 위성 사진을 나타낸다. 각 문항의 반칸에 들어갈 알맞은 보기는 무엇일까?

A. 알프스산맥(유럽) B. 안데스산맥(남아메리카)

C. 드라켄즈버그산맥(아프리카) D. 히말라야산맥(아시아)

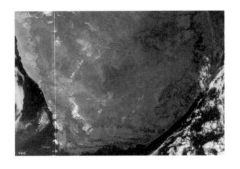

1 |

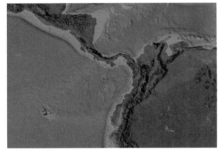

2 |

3 |

4 |

해답 : 205쪽

49. 숫자 지리 퀴즈

아래 숫자들을 1~8번 문항의 빈칸에 넣어보자. 각 문항에 들어갈 알맞은 숫자는 무엇일까?

8,848 / 979 / 14억

41,820 / 11억 / 83억 9,400만

210만 / 3,601만

1 │ 중국의 인구

2 │ 에베레스트산의 높이(미터)

3 │ 전 세계의 공항 수

4 │ 세계에서 가장 큰 섬, 그린란드의 크기(제곱킬로미터)

5 │ 앙헬 폭포의 높이(미터)

6 │ 이란의 인터넷 이용자 수

7 │ 전 세계에서 전기 없이 사는 사람들의 수

8 │ 코스타리카의 GDP(미국 달러, 2017년 기준)

해답 : 205쪽

50. 다음에 올 것은?

일정한 규칙에 따라 두 요소가 등호로 묶여 있다. 각각 규칙을 찾아 빈칸을 채워보자.
물음표 자리에 올 것은 무엇일까?

이란Iran = 아바단Abadan

몬트리올Montreal = 미라벨Mirabel

베니스Venice = 마르코 폴로Marco Polo

라 파스La Paz = J.F.케네디J.F.Kennedy

워싱턴Washington D.C. = ?

1 |

- -

남아프리카 공화국 = 폴크스라트Volksraad

북한 = 최고인민회의

이스라엘 = 크네셋Knesset

미국 = 콩그레스Congress

대한민국 = ?

2 |

- -

영국 = 파이낸셜타임스 스톡익스체인지FTSE

홍콩 = 항셍

미국 = 다우 존스Dow Jones

중국 = 상하이종합지수SSE Composite

일본 = ?

3 |

- -

스페인 = 에테아ETA

팔레스타인 = 팔레스타인 해방기구PLO

필리핀 = 코델라 인민 해방군CPLA

스리랑카 = 타밀 타이거즈Tamil Tigers

아일랜드 = ?

4 |

- -

1983 = 레흐 바웬사Lech Walesa(폴란드)

1991 = 아웅산 수지Aung San Suu Kyi(미얀마)

1994 = 야세르 아라파트Yasser Arafat(팔레스타인), 시몬 페레스Shimon Peres(이스라엘), 이츠하크 라빈Yitzhak Rabin(이스라엘)

2005 = 국제 원자력 기구Agence Internationale

de L'Energie(170개 회원국)

1993 = ?

5 |

볼리비아 = 볼리비아노boliviano

감비아 = 달라시Dalasi

라트비아 = 라트Lat

카타르 = 디르함Dirhams

프랑스 = ?

6 |

네바다Nevada = 화이트 샌즈White Sands

뉴멕시코New Mexico = 로스앨러모스Los
Alamos

러시아의 바렌츠해Barents Sea = 콜라 발사 지
역Kola Launch Area

키리바시Kiribati = 몰덴섬Malden Island

마셜 제도Marshall Islands = ?

7 |

프랑스 = 에펠탑

미국 = 나이아가라 폭포

그리스 = 파르테논 신전

페루 = 마추픽추

브라질 = ?

8 |

아프가니스탄 = 노샤크Noshaq

아르헨티나 = 아콩카과Aconcagua

헝가리 = 케케시Kékes

영국 = 벤 네비스Ben Nevis

터키 = ?

9 |

부르키나파소 = 프랑스어

키르기스스탄 = 러시아어

몰디브 = 몰디브어

몰도바 = 루마니아어

모잠비크 = ?

10 |

해답 : 206쪽

51. 버려진 장소

지구에는 이제 누구도 찾지 않는 폐허, 즉 '버려진 장소'가 있다. 이런 곳들은 대개 비밀 접선이나 더러운 거래, 적들이 불법 무기를 두는 곳으로 쓰인다. 따라서 이러한 장소들의 소재를 파악하는 것이 매우 중요하다.

아래 그림과 정보가 나타내는 '버려진 장소'가 있는 국가와 그 지역은 어디일까?

버려진 해 : 1986년
이탈 인구 : 49,400명

장소 유형 : 놀이공원
버려진 해 : 2005년
사유 : 자연 재해

버려진 해 : 2003년
현황 : 박격포로 인한 손상과
총격, 이전의 웅장했던 화려함
의 흔적이 남아 있음

건물 유형 : 사막에 의해 매립
된 집들
단서 : 모래 아래 묻힌 다이아
몬드 원석과 독일 국기

건물 유형 : 질산염 광산 마을
버려진 해 : 1960년
위치 : 세계에서 가장 건조한
사막에 있음

해답 : 206쪽

52. 세계 지리 퀴즈

종종 간과되는 경향이 있지만, 지리는 국제 관계에서 매우 큰 비중을 차지하는 요소다. 요원으로서 갖춰야 할 기본적인 지리 지식을 익혀보자.

1 | 지구 표면은 약 70.9%의 물과 29.1%의 땅으로 이루어졌다. 이 물은 크게 다섯 대양으로 나뉜다. 아래에 나열된 오대양을 크기가 큰 순서대로 배열해보자.

북극해, 대서양, 인도양, 태평양, 남극해

2 | 위 문제에서 설명한 것처럼 세계의 바다는 크게 다섯 곳으로 나뉜다. 그러나 이를 '일곱 개의 바다'로 지칭하기도 한다. 어떻게 세계의 바다를 일곱 개로 나눌 수 있을까?

3│ 지구에 존재하는 물 중 몇 퍼센트가 염수(소금물)일까?

☐ 74%   ☐ 62.5%   ☐ 86%   ☐ 97.5%

4│ 세계 표면의 모든 얼음이 녹으면 해수면이 얼마나 상승할까?

5│ 아래 그림은 어떤 규칙에 따라 배열된 것일까?

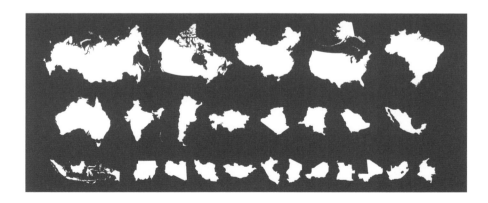

6 | 국토가 유럽과 아시아에 걸쳐 있는 다섯 나라는 어디일까?

7 | 모든 국토가 아시아에 있지만, 지정학적으로 유럽에 속한 두 나라는 어디일까?

8 | 세계에서 가장 긴 산맥은 무엇일까? 그리고 그 산맥이 지나는 7개국은 어디일까?

9 | 국제 분쟁과 난민 위기의 근원이 되는 장소로, 총길이 25만 킬로미터가 넘는 이곳은 어디일까?

10 | '악마의 목구멍'이 있는 폭포는 어디일까?

11 | 홍해와 지중해를 연결하는 운하는 무엇일까?

12 │ 지도에 표시된 지역은 '불의 고리Ring of Fire'라고 불린다. 이러한 명칭이 붙은 이유는 무엇일까?

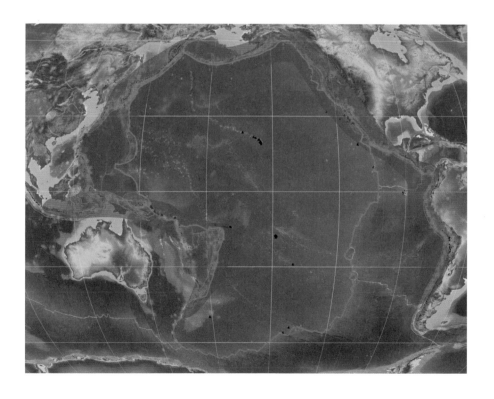

해답 : 206쪽

53. 뒤죽박죽 이름

당신은 적 스파이가 10년 동안 잠입해 임무를 수행했던 수도에 관한 정보를 입수했다. 그런데 파일을 여는 순간 수도의 알파벳 배열이 뒤죽박죽이 되어버렸다.

　뒤섞인 알파벳을 올바르게 배열해보자. 각 문항의 빈칸에 들어갈 알맞은 수도 이름은 무엇일까?

1 | SRCAACA

2 | ABOTGO

3 | UNOBES SEARI

4 | GANATIOS

5 | RAJOSVAE

6 | AVANAH

7 | RAJAKAT

8 | ADMISLABA

9 | NEBRLI

10 | SPARI

11 | SRAWAW

12 | MOKOTCHLS

13 | KALUA PRULUM

14 | COMOWS

15 | OSLEU

16 | AROCI

17 | REBANCRA

18 | NIBAIRO

해답 : 207쪽

54. 강은 어디에

아래 사진에 보이는 강들은 각각 어느 나라에 있을까?

1 |

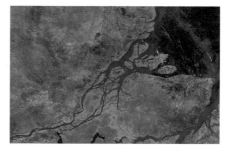

2 |

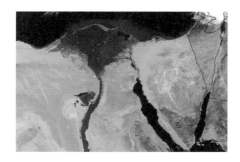

3 |

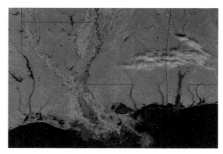

4 |

해답 : 207쪽

55. 깃발에 그려진 별

아래 그림들은 국기에서 다른 요소를 제외하고 별만 그린 것이다. 각각 어느 나라의 국기일까?

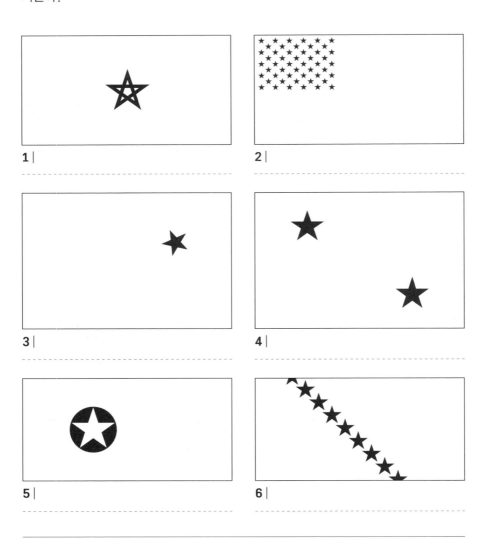

1|

2|

3|

4|

5|

6|

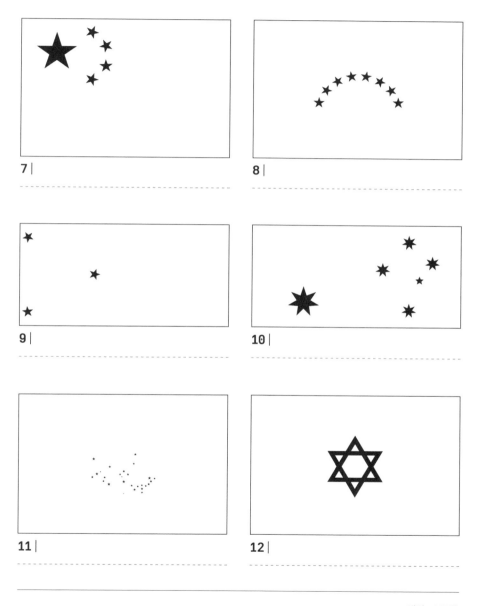

7 |

8 |

9 |

10 |

11 |

12 |

해답 : 207쪽

56. 칵테일 메뉴

당신은 전 세계를 돌아야 하는 임무에 배정되었다. 각 장소에 도착하면, 현지 요원으로부터 당신이 해야 하는 보안 감시 작업과 수집해야 하는 기밀 사항 목록들을 제공받는다. 방문해야 할 나라의 명단은 암호화되어 있다. 명단에 적힌 칵테일을 주문하면, 바텐더가 그 칵테일에 관해 간단한 설명을 해준다. 바텐더가 설명해주는 칵테일 이름의 의미가 방문할 나라 이름의 단서가 될 것이다.

당신이 수행할 임무의 경로를 아래 지도에 그려보자. 방문해야 할 나라는 붉은색으로 표시되어 있지만, 이름과 방문 순서는 암호문으로 찾아야 한다. 각 칵테일이 나타내는 나라는 어디일까?

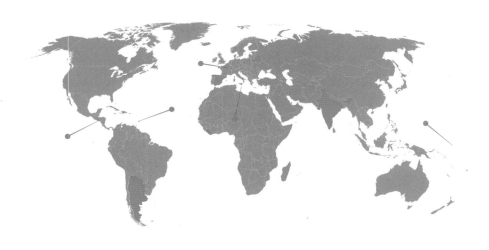

칵테일 메뉴

1. Land Beside the Silvery River
"은빛을 뜻하는 Silvery를 라틴어나 프랑스어로 바꾸면 익숙한 이름이 됩니다."

2. Bearded Ones
"비어디드 원스는 럼주를 베이스로 만든 칵테일입니다. '수염 난 것들'이라는 의미가 있지요."

3. The Savior
"새비어는 구세주라는 뜻입니다. 아메리카 어딘가에도 '구세주'가 있다고 합니다."

4. Free
"버번과 럼을 섞어 만드는 이 칵테일은 자유 그 자체를 뜻하는 이름입니다."

5. Land of the Many Rabbits
"토끼가 많은 땅이라는 뜻으로, 셰리주가 베이스인 칵테일입니다. 같은 뜻을 가진 페니키아어에서 유래한 나라가 한때 세계를 호령하기도 했지요."

6. The Land of Honey
"몰트위스키와 꿀로 만든 칵테일입니다. 그리스어로 꿀을 의미하는 나라에서 생산된 특산 꿀로 만들었기 때문에 정말 맛있을 겁니다."

7. Light Stone
"이 칵테일은 밝게 빛나는 돌입니다. 여기에 아스바흐(독일의 코냑)를 더하면 독일의 풍미를 느낄 수 있지요. 독일 하니 생각나는데, 이 이름을 독일어로 바꾸면 사람 이름이나 나라 이름이 됩니다."

8. White Russia
"화이트 러시아는 이름처럼 아름다운 백색 보드카입니다. 그러고 보니, 기억하십니까? 예전에는 이 나라를 하얀 러시아라는 뜻의 백러시아라고 부르기도 했는데 말입니다."

9. Land of the Indus River
"이 칵테일은 럼주에 과일 주스와 설탕을 섞은 스파이시 망고 다이키리입니다. 인더스강은 문명의 발상지이자 나라 이름의 유래가 되기도 한 유서 깊은 장소지요."

10. I Go to the Beach
"세계에서 가장 작은 칵테일입니다. 언어학자들의 말로는 이 술 이름처럼 '나는 해변으로 간다'라는 그 나라 말이 그대로 나라 이름이 됐다고 하더군요. 참 신기하기도 하지요."

나라 이름 및 방문 순서

1 |

2 |

3 |

4 |

5 |

6 |

7 |

8 |

9 |

10 |

해답 : 207쪽

57. 인문 지리 퀴즈

세계는 문화와 종교는 물론 인구통계의 용광로다. 이 요소 중 어느 하나라도 서로 충돌하게 되면 팽팽한 긴장 상태가 발생한다. 세계의 인문 지리 지식을 쌓아두면 예상치 못한 충돌 상황에서 분명 도움이 될 것이다. 아래 문제들을 풀어보자.

1 | 아래에 총 12개 나라가 적혀 있다. 숫자는 세계에서 가장 인구가 많은 10대 국가의 인구를 나타낸 것이다. 숫자와 나라를 올바르게 연결해보자.

(2017년 기준, 단위 백만)

방글라데시 •   • 1,379

브라질 •   • 1,282

캐나다 •   • 327

중국 •   • 261

인도 •   • 207

인도네시아 •   • 205

일본 •   • 191

나이지리아 •   • 158

파키스탄 •   • 142

러시아 •

소말리아 •

미국 •   • 126

2 | 전 세계 인구의 3분의 1 이상이 살고 있는 두 나라는 어디일까?

- -

3 | 마카오는 세계에서 가장 _____가 높은 곳, 그린란드는 가장 _____가 낮은 곳이다. 빈칸에 공통으로 들어갈 말은 무엇일까?

- -

- -

4 | 전 세계 인구의 4분의 1 이상의 사람과 모국어로 대화하려면 최소한 몇 개 언어를 배워야 할까?

- -

- -

5 | 전 세계에는 대략 7,100개의 언어가 있다고 한다. 이 중 사용 인구가 10명 미만인 언어는 몇 개일까?

☐ 1   ☐ 15   ☐ 150   ☐ 1,500

6 | 세계에서 신자가 가장 많은 종교 4개를 순서대로 나열해보자.

- -

- -

7 | 세계 각국의 국민 총생산 수치를 계산했을 때 전 세계 평균 연봉은 얼마일까?

☐ 720만 원

☐ 2,100만 원

☐ 2,800만 원

☐ 4,180만 원

8 | 아편 무역은 아프가니스탄의 탈레반에게 중요한 수입원이다. 이들은 전 세계 아편 거래의 몇 퍼센트를 차지하고 있을까?

☐ 10%

☐ 26%

☐ 63%

☐ 82%

해답 : 207쪽

58. 인구 이동 퀴즈

난민은 세계 차원에서 해결해야 할 심각한 문제다. 집단의 이동은 큰 고통과 괴로움을 야기할 수 있고, 거대한 지정학적 긴장과 인도주의적 위기를 초래할 수 있다. 이로 인해 난민을 유치하는 나라들은 물론 전 세계에 정치적·경제적 파문을 초래하기도 한다.

다음 지도와 그래프를 보고, 세계 난민들의 절반 이상을 차지하는 동아프리카와 중동 지역의 10대 국가를 빈칸에 알맞게 채워 아래 표를 완성해보자.

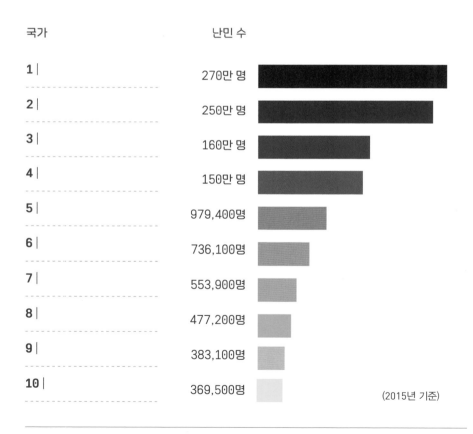

해답 : 208쪽

59. 원유의 지리경제학

정보원으로서 원유는 가장 관심을 가져야 할 자원이다. 원유는 수많은 갈등과 지정학적 전략의 주요 원인이다. 미래의 에너지원이 속속 개발되어 주목받고 있지만, 아직 전세계는 원유가 없으면 제대로 기능할 수 없다. 따라서 세계 곳곳에 있는 원유 공급지에 관한 지리경제학 지식은 필수적이다. 아래는 세계 유수의 산유국들을 나타낸 지도다. 지도를 보고 관련된 질문에 답해보자.

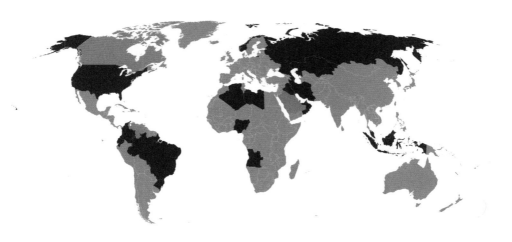

1 | 붉은색으로 강조된, 석유 매장량이 가장 많은 세 나라는 어디일까?

2 | 석유 매장량이 가장 많은 나라 중 하나지만, 석유 생산량으로는 10위 안에도 들지 못하는 나라는 어디일까?

3 | 아프리카에서 가장 석유를 많이 생산하는 나라이자(하루 약 250만 배럴 생산) 세계에서 13번째로 생산량이 많은 산유국은 어디일까?

4 | 세계 5대 석유 생산국(산유국)을 생산량이 많은 순서로 배열하려면 어떻게 해야 할까?

미국, 러시아, 캐나다,
이라크, 사우디아라비아

5 | 세계에서 하루에 가장 많은 석유를 소비하는 나라는 어디일까?

6 | 생산되는 석유의 99%를 미국으로 수출하는 나라는 어디일까?

7 | OPEC는 13개 나라로 구성된 국제 석유 수출국 기구로 1960년에 최초 5개국으로 설립되었다. 아래는 OPEC 설립 당시의 5개국을 나타낸다. 마지막 물음표 자리에 들어갈 나라는 어디일까?

이라크, 쿠웨이트, 사우디아라비아,
베네수엘라, ?

8 | 원유 가격에 영향을 주는 두 가지 주요인은 공급과 수요다. 공급과 수요에 이어 세 번째로 큰 영향을 주는 요소는 무엇일까?

해답 : 208쪽

60. 지리경제학적 의존도 : 미국

아래는 미국의 원조를 받는 나라 중 인구 1인당 평균 수혜량 상위 5개국을 보여주는 그래프다. 아래의 다섯 나라를 수혜량이 많은 순서대로 나열해보자. 각 빈칸에 들어갈 나라는 어디일까?

아프가니스탄
이스라엘
요르단
레바논
팔레스타인

1 |

2 |

3 |

4 |

5 |

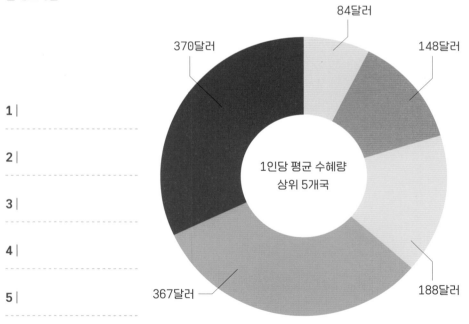

해답 : 208쪽

61. 지리경제학적 의존도 : 중국

아래는 국가 전체 수출 중에서 중국으로의 수출이 차지하는 비율이 가장 높은 10개국이다. 아래 10개국을 대중국 수출 비율이 많은 순서대로 나열해보자. 각 빈칸에 들어갈 나라는 어디일까?

호주
브라질
칠레
인도네시아
대한민국
일본
말레이시아
페루
대만
태국

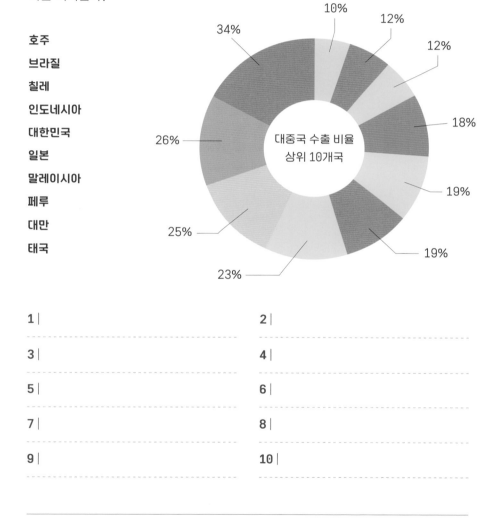

1 |
2 |
3 |
4 |
5 |
6 |
7 |
8 |
9 |
10 |

해답 : 208쪽

62. 온라인 전쟁

아래 표는 세계 2대 경제 강국인 미국과 중국의 인구를 도식화한 것이다. 표에서 한 칸은 1,500만 명에 해당한다. 이 표로 미국과 중국의 인터넷 사용 인구를 나타내야 한다면, 각 표에서 몇 칸을 색칠해야 할까?

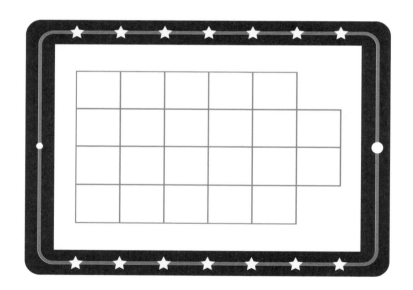

미국 인구 = 3억 3천만 명

중국 인구 = 13억 8천만 명

해답 : 208쪽

63. 테러와의 전쟁

테러와의 전쟁은 CIA 작전에서 가장 중요한 임무다. 당신은 요원으로서 다양한 테러 조직들을 분명히 구분할 수 있어야 한다. 아래는 유엔이 지정한 12개 주요 테러 단체의 이름과 깃발이다. 테러 단체의 이름과 깃발을 올바르게 연결해보자. 각 깃발이 의미하는 테러 단체는 어디일까?

헤즈볼라, 이슬람 머그레브의 알 카에다, 하르카트 울 무자헤딘, 이라크의 알 카에다, 동인도네시아 무자헤딘, 자미아트 이슬라미, 라슈카르-에-잔그비, 팔레스타인의 이슬람 지하드 활동, 투르키스탄 이슬람당, 필리핀의 신인민군, 안사루, 자이셰 모하메드

1 |

2 |

3 |

4 |

5 |

6 |

7 |

8 |

9 |

10 |

11 |

12 |

해답 : 208쪽

정보원에게 수첩과 노트북에 뭔가를 메모하는 것은 일상이지만, 정보가 그대로 노출될 수 있는 위험한 일이기도 하다. 암호나 비밀번호를 설정하는 것보다 정보 보안에 좋은 방법은 역시 머리에 정보를 그대로 기억하는 것이다. 뛰어난 기억력은 정보원으로서 갖춰야 할 가장 기초적인 덕목에 속한다.

기억력과 함께 공간 지각력 역시 임무 수행의 필수 요소다. 임무 수행지는 매번 다르다. 사전 답사나 동선 체크를 할 여유도 없는 상황이 많다. 따라서 처음 가는 곳, 예상치 못한 공간에서도 능숙하게 행동할 수 있는 능력이 반드시 필요할 것이다.

CHAPTER 4
기억력·공간 지각

64. 길 찾기 연습

화살표 경로를 따라 좌회전과 우회전한 횟수가 각각 총 몇 번인지 세는 쉬운 문제다. 단, 손가락을 움직여 경로를 따라가지 말고, 책을 돌리면서 보지도 말아야 한다. 지금 상태 그대로, 머리로만 회전수를 세면서 당신이 직접 발을 옮기며 길을 지나고 있다고 상상해보자. 간단해 보이지만 지도 판독, 복잡한 회로 도식 해결, 낯선 환경에서의 주변 인식 향상에 매우 유용한 기술이다.

각 문항마다 좌회전은 몇 번, 우회전은 몇 번 해야 할까?

1 |

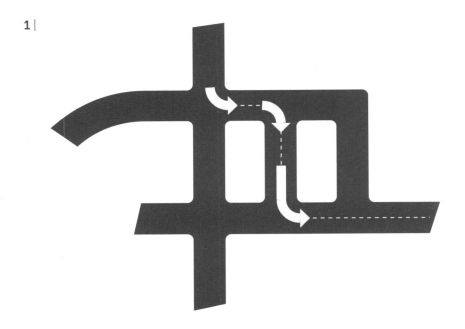

2 |

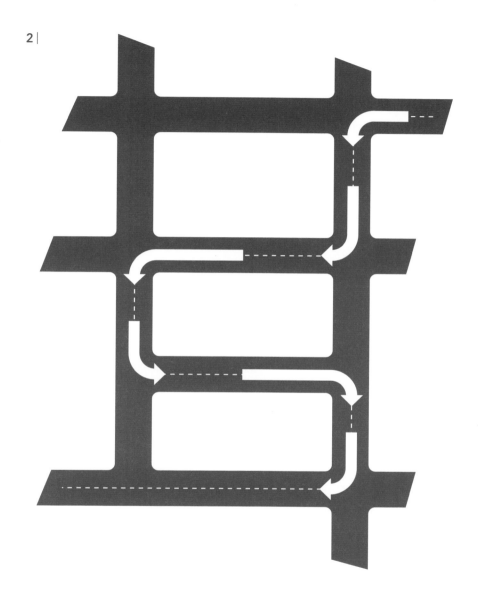

3 |

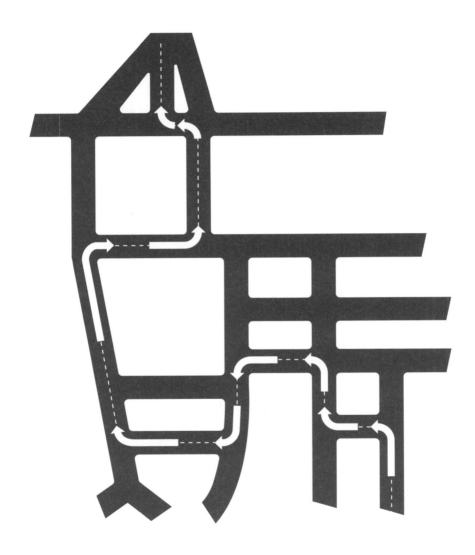

4 |

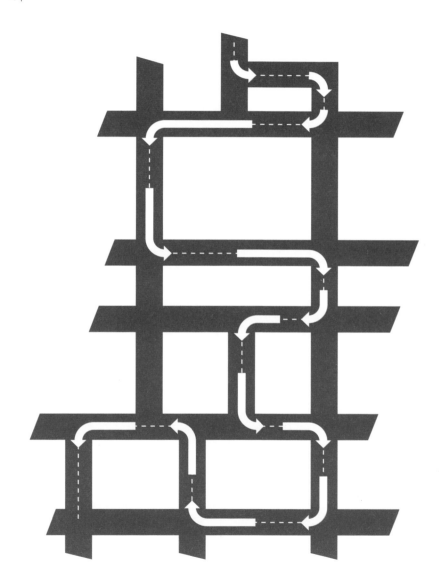

해답 : 210쪽

65. 다른 점 찾기

정보원은 늘 환경에 민감하게 반응해 작은 변화라도 곧바로 알아챌 수 있어야 한다. 평소에 보이지 않던 사소한 것에 대한 지각과 본능을 깨워보자. 달라진 건물의 모습, 별이유 없이 옮겨지거나 사라진 물건 등은 의심스러운 활동을 암시하는 신호가 된다.

　다음 각 사진에서 다른 점 다섯 가지는 무엇일까?

1│

2 │

해답 : 210쪽

66. 주사위를 돌려라

아래 그림을 보고, 실제로 주사위를 굴리는 대신 머릿속으로만 주사위의 움직임을 추적해보자. 기억해야 할 것은 주사위에서 서로 마주 보는 면의 점을 더하면 항상 7이 된다는 사실이다.

　주사위가 화살표 끝에 도달했을 때 주사위 윗면, 앞면, 옆면에는 각각 어떤 숫자가 나타날까?

1 |

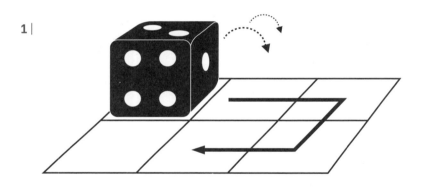

2 |

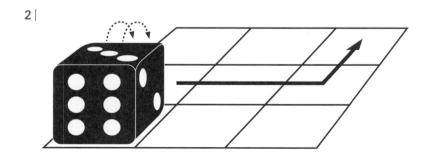

해답 : 211쪽

67. 시곗바늘 꺾기

현재 런던의 시계는 오후 1시 50분을 가리키고 있다. 보기 1~4는 이 시계를 각각
A~D 네 가지 규칙 중 하나에 따라 돌린 것이다. 시계 1~4는 각각 어느 규칙에 따라
움직였을까?

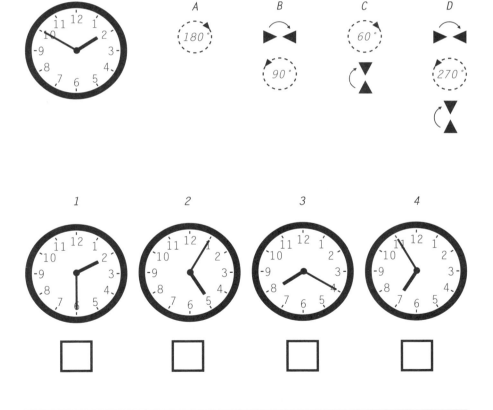

해답 : 211쪽

68. 오류 찾기

오류는 눈에 띄게 명백한 형태로 드러나기도 하지만, 꽁꽁 숨어 있을 때도 있다. 여기 여기 주어진 문제들 전체에 오류가 딱 하나 있다. 그 오류는 무엇일까?

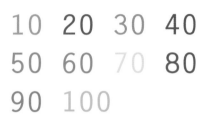

라인 A는 라인 B보다 더 길다.

8 + 96 = 104

만약 산악 표준시가 태평양 표준시보다 1시간 앞서 있고, 중앙 표준시가 산악 표준시보다 1시간 앞서 있다면, 중앙 표준시는 태평양 표준시보다 2시간 앞서 있다.

라인 A   라인 B

를 45도 회전하면

가 된다.

해답 : 211쪽

69. 구멍은 몇 개?

아래 스웨터에는 몇 개의 구멍이 있을까?

해답 : 211쪽

70. 아침 점심 저녁

다음 사진 네 장은 각각 하루 중 몇 시의 모습일까? 그림자와 햇빛의 방향은 물론, 또 다른 단서들도 찾아보자.

1 |
☐ 오전 7시
☐ 오후 3시 30분
☐ 오후 7시

2 |
☐ 오전 8시 30분
☐ 오후 12시
☐ 오후 4시

3 |
☐ 오전 7시
☐ 오후 3시 30분
☐ 오후 6시 30분

4 |
☐ 오전 7시
☐ 오후 3시 30분
☐ 오후 8시

해답 : 212쪽

71. 기호 짝 맞추기

양 페이지에 다양한 기호가 무작위로 나열되어 있다. 다음 세 문제를 각각 1분 안에 해결해보자.

1 | 양 페이지에는 한 쌍을 제외하고 서로 다른 기호들이 배치되어 있다. 모양과 크기가 완전히 똑같은 기호 한 쌍은 무엇일까?

2 | 모양은 똑같고 크기만 서로 다른 기호가 한 쌍 있다. 이 기호는 무엇일까?

3 | 모양과 크기가 똑같고 서로 180도 회전한 모습인 기호가 한 쌍 있다. 이 기호는 무엇일까?

해답 : 212쪽

72. 공중 투하

당신은 아래 지역에 폭탄을 투하하는 임무를 맡게 되었다. 정찰대원이 적절한 투하 위치를 찾기 위해 드론 한 대를 띄웠다. 드론은 지역을 분석한 후 최적의 투하 위치 좌표를 찍어 사진을 보냈다. 그러나 기능 오류로 인해 드론이 사진을 전송하는 과정에서 사진이 회전되었을 가능성이 있다고 한다. 폭탄을 투하할 위치는 어디일까?

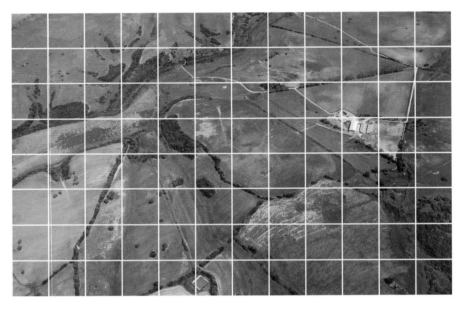

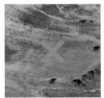

해답 : 212쪽

73. 프리즌 브레이크

한 현지 정보원이 유명 테러리스트를 체포하는 데 결정적인 도움을 줬던 박사의 행방을 알려왔다. 현재 박사는 교도소에 수감되어 있고, 본부에서는 박사의 탈옥을 도우라는 지시가 내려왔다. 당신은 교도소의 항공 이미지를 받았으나, 교도소에서 흘러나오는 방해 전파 때문에 아래와 같이 외부 윤곽밖에 확보하지 못했다. 당신은 정보를 수소문한 끝에 교도소의 내부 구조 설계 의뢰서를 입수했다.

> **설계 의뢰서**
> - 교도소 건물 두 개를 짓는다.
> - 건물당 감방을 4개씩 만든다.
> - 각 건물에서 감방 4개는 모양과 크기가 똑같아야 한다.
> - 감방을 만들 때는 건물의 모든 공간을 활용해야 한다.
> - 왼쪽 건물은 문을 하나만 만들고, 그 문으로 모든 감방에 출입이 가능해야 한다.

이 정보만으로 아래에 두 건물의 내부 구조를 그려보자. 내부 공간은 어떻게 나뉘어 있을까?

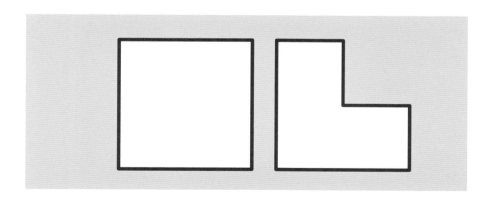

해답 : 213쪽

74. 미행 따돌리기

당신은 베를린 거리를 가로질러 가야 한다. 그 순간, 당신이 미행당할 수 있다는 첩보를 입수했다. 당신은 지도를 꺼내 경로를 다시 살펴보며 리스크를 계산하기 시작했다. 예를 들어 짧은 경로는 노출 위험이 적은 대신 추적이 쉽고, 긴 경로는 노출될 위험 요인이 많은 대신 추적이 어려울 수 있다. 가능한 경로는 네 가지가 있다.

당신은 아래와 같이 네 가지 경로의 거리와 위험 요인 계산을 끝냈다. 미행당할 가능성이 가장 낮은 경로는 어디일까?

경로	거리	위험 요인
파란색	3.7마일	2.5
빨간색	3.5마일	3
초록색	4마일	2.25
노란색	4.6마일	2

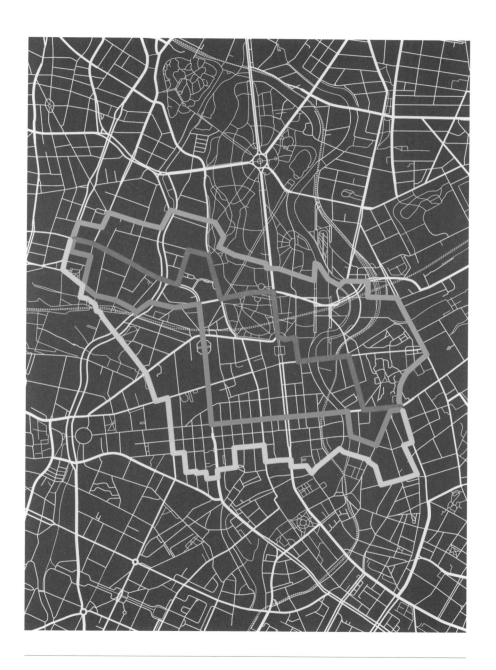

해답 : 213쪽

75. 국기를 관찰하다

협동 임무에 배정된 다섯 요원 중 한 명이 원래 요원과 바꿔치기된 스파이인 것 같다. 다행히 이러한 사태를 대비해 동료의 표시로 어떤 공통점이 있는 국기를 새긴 손수건을 지니고 있기로 했다.

다음은 요원들이 가지고 있던 국기다. 이 중 스파이가 지닌 다른 국기 하나는 무엇일까?

잠비아

에콰도르

몬테네그로

파푸아뉴기니

도미니카 연방

해답 : 213쪽

76. 거울 퀴즈

1 | 당신 앞에는 벽에 걸린 거울이 있다. 거울로부터 당신이 180cm 떨어져 서 있다고 상상해보자. 거울의 최소 길이가 얼마나 되어야 당신의 몸 전체를 비출 수 있을까?

-----

2 | 당신 앞에는 벽에 걸린 거울이 있다. 이 거울은 얼굴을 포함한 상체를 비추고 있어 무릎 아래부터는 보이지 않는다. 당신이 거울에서 한 걸음씩 뒤로 물러난다면, 거울 속 당신의 모습은 어떻게 될까?

☐ A. 몸에서 거울이 비추는 부분이 점점 많아질 것이다.

☐ B. 몸에서 거울이 비추는 부분이 점점 적어질 것이다.

☐ C. 몸이 원래와 똑같은 정도로 보일 것이다.

해답 : 213쪽

77. 적의 위치

정찰기가 테러 단체의 아지트로 추정되는 건물들의 항공 사진을 촬영했다. 이곳 역시 방해 전파가 흐르는 관계로 사진에는 아래와 같이 외부 윤곽밖에 찍히지 않았고, 당신은 다시 한번 설계 의뢰서를 입수할 수 있었다.

　벽의 위치를 파악해보자. 세 건물 안의 내부 공간은 어떻게 나뉘어 있을까?

설계 의뢰서

- 건물당 방을 두 개씩 만든다.
- 벽으로 두 방을 분리한다.
- 단, 방을 나누는 벽은 곧게 뻗은 형태가 아니라 코너가 있어야 한다.
- 건물에서 각 방의 모양은 서로 똑같아야 한다.

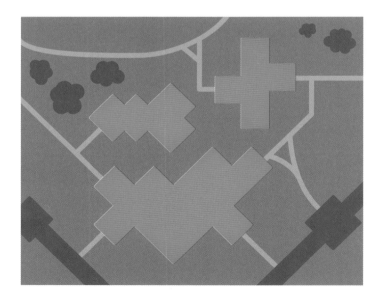

1 |

2 |

3 |

해답 : 213쪽

78. 무작위 사물 기억 테스트

당신은 순간 기억 능력을 높이는 훈련을 받게 되었다. 차량의 번호판, 잠깐 스쳐본 주소 또는 우연히 들은 매우 중요한 정보 등을 순간적으로 기억해낼 수 있다면 임무에 큰 도움이 될 것이다.

'카드 기억하기'는 기억력을 높이기 위해 널리 사용되는 고전적인 방법이다. 트럼프 카드 52장에는 얼굴이 그려진 카드가 총 12개 있다.(스페이드·하트·클로버·다이아몬드, 킹·퀸·잭) 이 얼굴은 암기술을 익히는 좋은 출발점이 된다. 글자와 숫자를 시각적으로 연결하는 연습을 해보자. 하트 킹은 프랭크 시나트라, 다이아몬드 퀸은 매릴린 먼로라는 식이다. 꼭 유명인이 아니라도, 클로버 잭을 당신의 삼촌인 자비스Jarvis와 연결할 수도 있을 것이다. 물론 얼굴이 없어도 된다. 예를 들면 스페이드 에이스를 검은색 비행복을 입은 '에이스' 조종사로 연결하는 것이다. 이런 식으로 기억하고 싶은 것을 다른 모든 카드에 적용할 수 있다. 예를 들어 아래 카드의 배열 순서를 기억해보자.

"정문에서 프랭크 시나트라에게 인사하고, 복도에 있는 매릴린 먼로를 지나, 식당 테이블에서 삼촌 자비스 옆에 앉아 에이스 조종사를 초대한다."처럼 시각적으로 스토리를 만들면 더욱 기억하기 쉬우며, 이 방식을 응용해 다른 것의 순서를 외울 수도 있다.

또 다른 방법을 소개하겠다. 숫자 1부터 10까지를 앞선 트럼프 카드와 비슷한 방식으로 활용할 수 있다. 이 방법이 익숙해지면 숫자가 아닌 문자에도 같은 방법을 적용할 수 있을 것이다. 바로 숫자의 발음과 비슷한 단어들을 서로 연결하는 방법이다.

1(ONE) = BUN(번, 빵의 종류)   2(TWO) = SHOE(슈, 신발)

3(THREE) = TREE(트리, 나무)   4(FOUR) = DOOR(도어, 문)

5(FIVE) = BEEHIVE(비하이브, 벌집)   6(SIX) = STICKS(스틱스, 막대)

7(SEVEN) = HEAVEN(헤븐, 천국)   8(EIGHT) = GATE(게이트, 문)

9(NINE) = LINE(라인, 선)   10(TEN) = HEN(헨, 암탉)

아래 물체들을 보고, 숫자와 연결한 단어를 활용해 해당 물체를 기억해보자. 1번 물체는 비행기다. 따라서 당신은 번 위에 비행기가 착륙한 모습을 상상할 수도 있다.(참고로 이미지가 엉뚱하거나 무작위적일수록 기억이 더 쉽게 떠오르는 경향이 있다.) 1번 물체를 기억하라는 요구를 받으면, 그 이미지가 마음속에 선명하게 떠오를 것이다. 위에서 11번부터는 정하지 않았으므로 11번 물체를 기억하려면 이미지를 합성해야 할 수도 있다. 예를 들어 11번 물체인 별을 1과 연결했던 번으로 돌아가서, 비행기 옆면에 그려진 별을 상상하거나 번이 연달아 두 개 진열된 모습을 떠올리는 등 방법은 다양하다. 아래 연결된 요소들을 충분히 외운 다음 책장을 넘겨 문제를 풀어보자.

1 | 맨 처음 트럼프 카드에 관한 설명에서, 다이아몬드 퀸에 적혀 있던 번호는 무엇이었을까?

2 | 2번, 4번, 7번은 각각 어떤 물체들일까?

3 | 다음 중 원래 목록에 없던 물체는 무엇일까?

☐ A.   ☐ B.   ☐ C.

4 | 8번의 오른쪽에 있던 물체는 무엇일까?

5 | 이 물체의 다음 번호는 어떤 물체일까?

6 | 4번과 14번은 어떤 물체일까?

7 | 다음 중 원래 목록에 없던 물체는 무엇일까?

☐ A.　　　　　　　☐ B.　　　　　　　☐ C.

8 | 1번에서 10번까지의 물체를 순서대로 나
열해보자.

9 | 11번에서 20번까지의 물체를 순서대로
나열해보자.

79. 번호판을 활용한 기억력 트레이닝

앞서 숫자가 아닌 문자에도 단어를 연결해 어떤 물체를 기억할 수 있다고 했다. 이 방법은 실제로 차량 등록 번호판이나 주소 또는 암호화된 메시지를 암기하는 데 쓰인다.

알파벳의 26개 문자 각각을 특정 단어와 연결한다. A, B, C는 예시이며, 조금 더 떠올리기 편한 것으로 바꿀 수도 있다.

A – AMAZON(아마존)

J –

S –

B – BACON

K –

T –

C – COFFEE

L –

U –

D –

M –

V –

E –

N –

W –

F –

O –

X –

G –

P –

Y –

H –

Q –

Z –

I –

R –

숫자를 기억할 때는 숫자를 덩어리로 나누는 것(청킹)이 유용하다. 청킹Chunking 이란 연속적으로 길게 있는 것을 덩어리로 나눠 기억하는 기술을 말한다. 예를 들어, 739281을 73/92/81로 기억하는 것이다. 나뉜 숫자를 보면 당신이 쉽게 떠올릴 수 있는 연도로 기억하는 편이 유리해 보인다. 즉 73을 1973년으로 생각하고 관련된 사건(베트남 전쟁 종전)을 연결하는 식이다. 이렇게 하면 숫자 1부터 99까지 같은 방법으로 쉽게 기억할 수 있다. 한 가지 예를 더 들면, 12827297은 다음과 같이 외울 수도 있다.

12 : 타이타닉(타이타닉 호가 대서양에서 빙산에 부딪혀 침몰한 해)

82 : 포클랜드(포클랜드 전쟁이 일어난 해)

72 : 뮌헨(올림픽이 개최된 도시이며 이때 이스라엘 선수들이 팔레스타인 테러리스트들에게 인질로 잡혔던 충격적인 사건이 있었다.)

97 : 홍콩(홍콩이 영국에서 중국으로 반환된 해)

아래 알파벳과 숫자는 국제 차량 등록 번호판이다. 설명한 기술을 활용해 최대한 암기한 다음 책장을 넘겨 문제를 풀어보자.

이전 페이지에 있던 국제 차량 등록 번호판을 그대로 기억해 아래에 써보자.

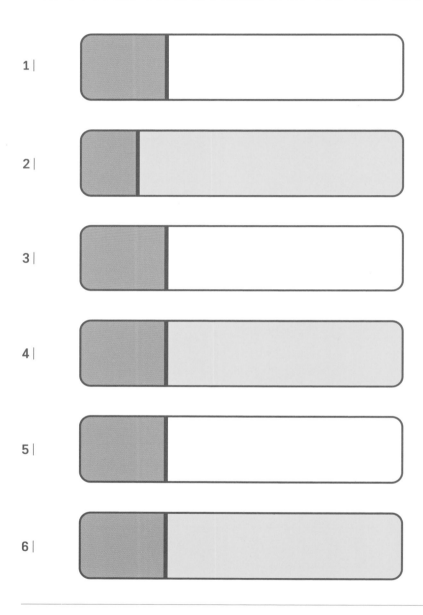

1 |

2 |

3 |

4 |

5 |

6 |

해답 : 214쪽

80. 암호명 암기 연습

미국 대통령과 그 가족들은 20세기 초부터 정보기관의 암호명을 받아왔다. 심지어 에어포스 원(미국 대통령 전용기)이나 대통령 전용 자동차 같은 교통수단은 물론, 특정 위치나 물건에까지 암호명이 설정되었다.

아래는 당시 사용했던 다양한 정보기관의 암호명들이다. 이 각각의 이름을 기억하는 자신만의 암기법을 찾아보자. 정답은 없다. 예를 들면 이름을 시각화해서 연상하는 방법이 있다. 대통령 전용 자동차 행렬이 대나무로 이어져 있다고 상상하거나, 아니면 기존의 항공기 날개 대신 천사의 날개가 달린 에어포스 원을 상상하면 외우기가 더 쉬울 것이다. 다음 날 다시 이 페이지로 돌아와서 각 암호명을 모두 기억해보자. 당신은 몇 개나 암기할 수 있을까?

대통령 전용 자동차 행렬	→	대나무 BAMBOO
캠프 데이비드(미국 대통령 전용 별장)	→	선인장 CACTUS
부통령 사무실	→	거미줄 COBWEB
부통령 직원	→	중재자 PEACEMAKER
월도프 아스토리아 호텔(뉴욕시 소재)	→	가로변 식당 ROADHOUSE
에어포스 원(미국 대통령 전용기)	→	천사 ANGEL
미국 대통령 전용차	→	역마차 STAGECOACH
백악관	→	성 CASTLE
미국 국회의사당	→	펀치 볼 PUNCH BOWL
백악관 상황실	→	시멘트 혼합기 CEMENT MIXER
펜타곤(미국 국방부)	→	캘리코 CALICO(면직물의 일종)
워싱턴 덜레스 국제공항	→	차도 가장자리 CURBSIDE

81. 다른 점 찾기 2

다음 사진은 다양한 교통수단을 찍은 것이다. 짝을 이루는 각 사진에는 서로 다른 점이 네 가지씩 있다. 다른 곳은 어디일까?

1 |

2│

3 |

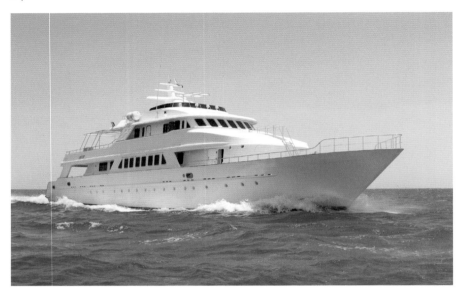

4 |

해답 : 214쪽

82. 가방 검문

당신은 테러리스트 한 명이 여행객을 가장해 공항으로 입국한다는 첩보를 입수하고 직접 검문에 나섰다. 마침내 테러리스트로 의심되는 사람의 차례가 되었고, 그는 가방 하나를 가지고 있었다. 당신은 가방 안을 찍은 측면 엑스레이 사진을 1분 동안 관찰했다.

사진을 확인한 뒤 엑스레이가 정면 각도로 다시 사진을 촬영한 순간, 당신은 방금 관찰했던 측면 사진과 뭔가 다른 점이 있다는 것을 느꼈다. 가방 안에 있던 물건 중 하나가 사라진 것이다. 사라진 물건은 무엇일까?

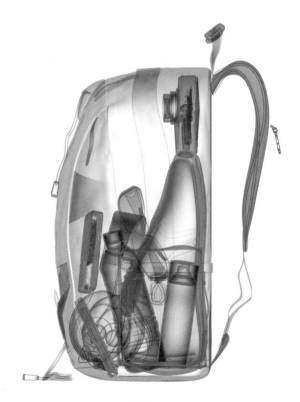

측면

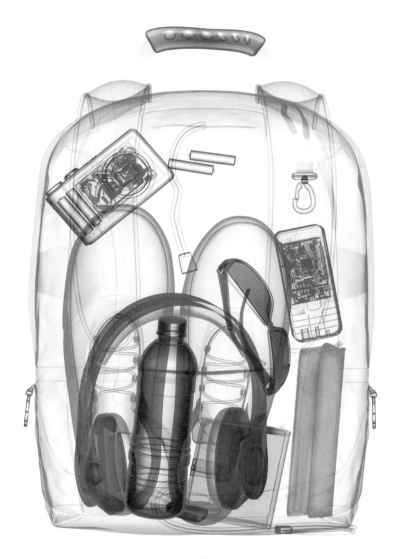

정면

해답 : 216쪽

83. 순간 지각 테스트

빠르게 주의를 집중하고 순간적으로 사물을 인식할 수 있는 능력은 정보원으로서 끊임없이 향상하고 계발해야 할 필수적인 기술이다. 아래에 당신의 직감과 인식, 관찰력을 날카롭게 하는 테스트를 준비했다.

각 테스트에 주어진 시간은 30초다. 과연 모든 테스트를 통과할 수 있을까?

1 | 다음 전개도로 만들 수 있는 상자는 보기 A~E 중 무엇일까?

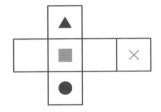

A   B   C   D   E

2 | 빨간 원 두 개 중 어느 것이 더 클까?

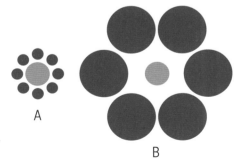

3 │ 다음 도형에서 찌그러지지 않은 완전한
원은 몇 개 있을까?

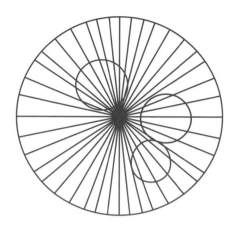

4 │ 사각형 안의 원과 원 안의 사각형 중 더
많은 비율을 차지하는 도형은 무엇일까?

5 │ 지도가 나타내는 곳은 어디일까?

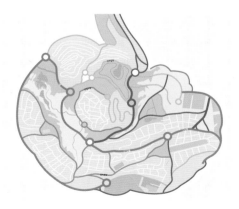

해답 : 217쪽

84. 반응력 테스트

정보원은 의도적으로 주의를 산만하게 하거나, 사실을 왜곡하거나, 인식을 혼란시키는 상황에 자주 마주치게 될 것이다. 따라서 늘 시각적 속임수에 대비한 날카로운 직감과 반응을 갖추고 있어야 한다. 아래에 보이는 것을 최대한 빠르게 소리 내어 말해보자. 단, 한 가지 규칙이 있다. 정사각형을 보면 '원'이라고 말하고, 원을 보면 '사각형'이라고 말해야 한다. 삼각형을 보면 '별'이라고 말하고, 별을 보면 '삼각형'이라고 말해야 한다. 얼마나 빠르고 정확하게 말할 수 있을까?

해답 : 217쪽

85. 거울에 비친 숫자

두뇌는 맨눈으로 세상을 보는 것에 익숙해져 있다. 두뇌를 말 그대로 '회전'시켜보자. 아래에 보이는 숫자들은 무작위로 회전한 것이다. 어떤 숫자는 제대로 쓰여 있지만, 어떤 것은 거울에 비친 것처럼 뒤집혀 있다.

　최대한 빠르게 거울에 비친 숫자에만 체크 표시를 해보자. 거울에 비친 숫자는 모두 몇 개일까?

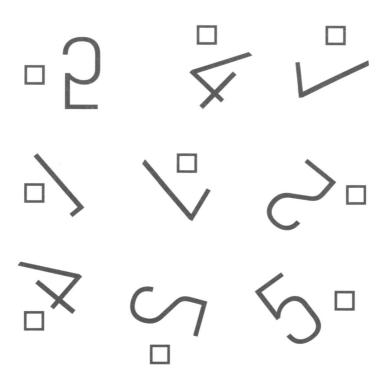

해답 : 217쪽

전 세계를 누비는 요원과 스파이는 일반적으로 국제 분쟁의 해결이
나 종용을 위해 파견된다. 특히 나라 간 벌어지는 전쟁은 오래전부
터 세월이 지나며 뿌리 깊게 새겨진 갈등과 차별, 핍박이 원인이 되
어 발발하는 경우가 많다. 세계의 역사와 다양한 지역에서 벌어지는
분쟁에 관해 깊이 이해하고 분석하는 것은 임무를 성공적으로 수행
하는 데 지대한 도움을 줄 것이다.

CHAPTER 5
세계사·국제 분쟁

86. 냉전을 그리다

다음 그림들은 모두 소련과 미국이 벌인 냉전과 관련이 깊다. 각 그림이 나타내는 냉전 시대의 주요 사건들은 무엇일까?

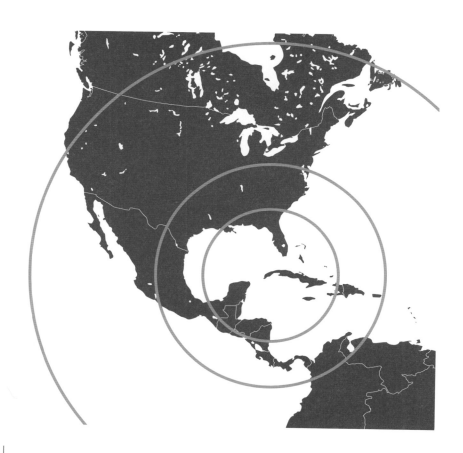

1 |

2 |

3 |

4 |

5|

6|

87. 전쟁 무기 퀴즈

1│ 화학 무기가 최초로 사용된 전쟁은 언제일까?

☐ 보어 전쟁(1899~1902년)

☐ 제1차 세계대전(1914~1918년)

☐ 제2차 세계대전(1939~1945년)

☐ 한국 전쟁(1950~1953년)

2│ 최초로 핵폭탄을 개발했던 프로젝트의 이름은 무엇일까?

☐ 맨해튼 프로젝트

☐ 스테이튼 아일랜드 프로젝트

☐ 브롱크스 프로젝트

☐ 브루클린 프로젝트

3│ 2번의 프로젝트에서 미국을 도왔던 두 나라는 어디일까?

☐ 프랑스와 스위스

☐ 호주와 남아프리카 공화국

☐ 영국과 캐나다

☐ 스웨덴과 네덜란드

4│ 핵폭탄이 투하되어 약 13만 명~22만 명이 사망한 일본의 두 도시는 어디일까?

☐ 오사카와 후쿠오카

☐ 교토와 네야가와

☐ 히로시마와 나가사키

☐ 고베와 가스가이

5│ 1961년에서 1971년까지 벌어진 베트남 전쟁에서, 미국이 사용했던 화학 물질인 제초제와 고엽제의 이름은 무엇일까?

☐ 랜치 핸드 Ranch Hand

☐ 에이전트 엑스 Agent X

☐ 에이전트 오렌지 Agent Orange

☐ 레인보우 에이치 Rainbow H

6│ 옴진리교 집단이 1995년에 도쿄에 테러를 시도할 때 사용한 화학 물질은 무엇일까?

☐ 포스진 Phosgene

☐ 머스터드 가스 Mustard gas

☐ 신경성 맹독 가스 VX

☐ 사린 가스 Sarin gas

해답 : 218쪽

88. 기술의 세계사

1 | 1943년 블레츨리 파크에서 영국의 암호 해독자들이 만든 컴퓨터로, 가장 초기의 전자 디지털 컴퓨터는 무엇일까?

☐ 콜로서스 Colossus

☐ 헤라클레스 Hercules

☐ 트라이던트 Trident

☐ 아폴로 Apollo

2 | 1918년에 발명된 것으로, 제2차 세계대전까지 독일 해군이 암호 메시지를 전달하기 위해 사용했던 암호 기계는 무엇일까?

☐ 셰르비우스 Scherbius

☐ 페가수스 Pegasus

☐ 에니그마 Enigma

☐ 거하임니스 Geheimnis

3 | 소련의 우주 비행사 유리 가가린이 인류 최초로 우주를 비행한 연도는 언제일까?

☐ 1959년 ☐ 1961년

☐ 1963년 ☐ 1965년

4 | 1983년 미국의 로널드 레이건 대통령은 '전략방위구상 Strategic Defense Initiative'을 발표했다. 이 발표는 무엇에 관한 것이었을까?

☐ 새로운 특수부대 창설

☐ 핵잠수함 구축

☐ 더욱 강력한 핵폭탄 개발

☐ 핵무기를 무력화하기 위한 시스템 개발

5 | 전략방위구상 프로젝트는 어떤 이름으로 더 잘 알려져 있을까?

☐ 스타게이트 Stargate

☐ 스타트랙 Star Trek

☐ 스타워즈 Star Wars

☐ 스타디펜스 Star Defense

6 | 1962년 미국이 우주 궤도로 보낸 첫 통신위성의 이름은 무엇일까?

☐ 익스플로러 Explorer

☐ 새트 1 Sat 1

☐ 스타랜더 Starlander

☐ 텔스타 1 Telstar 1

해답 : 218쪽

89. 전쟁의 지도자들

각 전쟁이 시작된 해에 세계 주요국은 누가 이끌고 있었을까? 164~165쪽에 걸쳐 사진과 함께 제시된 이름 중 알맞은 인물을 골라 빈칸에 넣어보자. 각 나라의 당시 지도자들은 누구일까?

1 | 제1차 세계대전(1914년)

독일 :

러시아 :

영국 :

미국 :

2 | 제2차 세계대전(1939년)

독일 :

러시아 :

영국 :

미국 :

3 | 이라크 전쟁(2003년)

독일 :

러시아 :

영국 :

미국 :

게르하르트 슈뢰더
Gerhard Schröder

우드로 윌슨 Woodrow Wilson

이오시프 스탈린 Joseph Stalin

아돌프 히틀러Adolf Hitler

황제 니콜라스 2세
Czar Nicholas II

토니 블레어Tony Blair

블라디미르 푸틴
Vladimir Putin

카이저 빌헬름 2세
Kaiser Wilhelm II

조지 W. 부시George W. Bush

네빌 체임벌린
Neville Chamberlain

프랭클린 D. 루스벨트
Franklin D. Roosevelt

데이비드 로이드 조지
David Lloyd George

해답 : 218쪽

90. 역사의 증인들

아래 인용구를 읽어보자. 각 글이 설명하는 역사적 사건은 무엇일까?

1│ 이 기사와 관련 있는 사건은 무엇일까?

"…그 사람은 대통령의 손을 자신의 양손으로 잡기를 원했다. 오른손 손바닥에는 손수건이 들려 있었다. 그때 연속적으로 두 발의 총성이 울렸는데, 간격이 너무 짧아서 거의 측정할 수 없을 정도였다. 나는 꼼짝도 하지 않고 서 있었다."
1901년, <푸팔로 모닝 리뷰>의 기자 존 웰스 John D. Wells

2│ 이 기사와 관련 있는 사건은 무엇일까?

"오늘 아침 파리 사람들의 얼굴에서 느껴지는 기쁨을, 나는 이전에 그 어떤 얼굴에서도 본 적이 없었다."
1944년, <타임>의 종군 기자 찰스 크리스티안 워텐베이커 Charles Christian Wertenbaker

3 | 이 인터뷰와 관련 있는 사건은 무엇일까?

"나는 사람들이… 고함을 치고, 비명을 지르고, 우는 소리를 들었어요… 하룻밤 사이에 벽이 세워졌어요. 동베를린을 방문했던 친구나 친척들은 이제 꼼짝없이 돌아가지 못하게 됐어요."

1961년, 독일인 어머니와 함께 살고 있는 미국 소녀 매리언Marion Cordon-Poole

4 | 두 사람이 공통적으로 영향을 받은 사건은 무엇일까?

"나는 미국으로 돌아와 볼티모어 시내의 하워드 가를 걷고 있었는데, 그때도 여전히 제복을 입고 있었어요. 트럭 한 대가 두 블록 정도 뒤에서 우렁찬 배기음을 냈습니다. 나는 곧바로 "몰려온다!"라고 외친 다음 도로를 달리기 시작했어요. 주변에 있는 모든 사람이 겁을 먹었죠. 나는 다음날 아침 버스를 타고 펜타곤으로 갔어요. 다시 돌아가게 해달라고 했습니다."

미 육군 레인저 특수부대원 E-4, 마이클 로젠스웨이그Michael Rosensweig

"1975년 3월 29일 다낭이 해방되었을 때, 저는 공항 근처에 있었습니다."

인민군 상병 부이 티 트론Bui Thi Tron

5 | 존슨 대통령이 말하는 사건은 무엇일까?

"저는 비폭력으로 살아온 박사를 덮친 맹목적인 폭력에 맞서기를 모든 시민에게 요청합니다."
1968년, 미국 대통령 린든 B. 존슨Lyndon B. Johnson

6 | 여기서 말하는 사건은 무엇일까?

"그런 이야기의 힘은 시간이 흐른다고 해서 약해지지 않아요. 탱크 앞에 서서 시위하던 그가 누군지 모르기 때문이죠. 사실 점점 더 강해지고 있어요. 역사의 긴 틀 속에서 말입니다. 인간의 자유, 용기, 존엄성은 계속 남아 결국 승리할 것입니다. 그리고 그 사진이 그것을 영원히 증언할 것입니다."
1989년, <중국 디지털 타임즈> 편집국장 샤오 치앙Xiao Qiang

7 | 여기서 말하는 사건은 무엇일까?

"이것은 한 사람에게는 하나의 작은 발걸음…"
1969년, 닐 암스트롱Neil Armstrong

해답 : 218쪽

91. 숫자로 보는 역사

각 문항은 역사적 사건과 관련된 숫자를 다룬다. 질문에 답해보자.

1 | 프랭클린 D. 루스벨트Franklin D. Roosevelt 는 미국 대통령으로 가장 많이 선출된 인물이다. 몇 번이나 대통령으로 선출되었을까?

2 | 1956년 공산주의 중국의 지도자 마오쩌둥은 더 많은 언론의 자유를 허용하기 위해 어떤 정치적 슬로건을 내세웠다. 이 슬로건은 '수많은 꽃이 피듯 수많은 주장을 펴다'라는 뜻을 담고 있는데, 이때 몇 송이의 꽃이 핀다고 말했을까?

3 | 1954년에 베트남은 위도를 기준으로 남과 북으로 분단되었다. 북위 몇 도가 기준이었을까?

4 | '스탈래그Stalag _____'은(는) 제2차 세계대전 당시 독일의 포로수용소 이름이다. 빈칸에 들어갈 숫자는 무엇일까?

5 | 제2차 세계대전 당시 독일의 에니그마 암호 기계로 만든 메시지는 몇 가지 방법으로 암호화할 수 있었을까?
☐ 15,000가지
☐ 1,500만 가지
☐ 150억 가지
☐ 1,500억 가지

해답 : 219쪽

92. 변화의 지도

1 | 아프리카의 지도는 어떤 사건으로 인해 아래처럼 송두리째 바뀌게 되었다. 이 사건은 무엇일까?

----

2 | 지도에 쓰인 연도는 무엇을 의미할까?

----

3 | 지도에 칠해진 색깔은
무엇을 의미할까?

1961 1922

1956

1957 1960

1960

1975

1990

1961

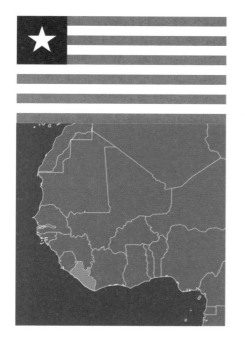 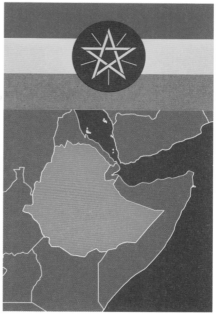

4│ 위의 지도와 국기가 나타내는 두 나라는 어디일까?

5│ 이 두 나라가 다른 아프리카 나라와 구별되는 독특한 점은 무엇일까?

해답 : 219쪽

93. 최초의 것들

각 문항은 유명한 역사적 사건을, 아래 숫자는 연도를 나타낸다. 발생 연도와 사건을 올바르게 연결해보자. 빈칸에 들어갈 알맞은 연도는 언제일까?

1967, 1893, 1973, 1868, 1839, 1963, 1903, 1911

1 | 루이 다게르Louis Daguerre가 최초로 자신의 모습을 사진으로 찍었다.(최초의 셀피)

2 | 마리 퀴리Marie Curie는 최초로 노벨상을 두 번이나 받은 사람이다.

3 | 서굿 마셜Thurgood Marshall은 미국 대법관이 된 최초의 아프리카계 미국인이다.

4 | 뉴질랜드는 세계 최초로 여성에게 투표권을 부여했다.

5 | 최초의 휴대폰인 모토로라Motorola가 생산되었다.

6 | 노스캐롤라이나주 키티호크Kitty Hawk에서 라이트 형제가 최초로 동력 비행을 했다.

7 | 러시아의 우주 비행사 발렌티나 블라디미로브나Valentina Vladimirovna는 여성으로서는 최초로 우주 비행을 했다.

8 | 런던 국회의사당 광장에 세계 최초의 신호등이 설치되었다.

해답 : 219쪽

94. 아프리카, 아메리카, 아시아

아래 문항들은 이집트, 멕시코, 인도네시아의 최근 역사와 관련된 사실이다. 여섯 가지 문항을 알맞은 나라와 연결해보자. 빈칸에 들어갈 나라는 어디일까?

1 │ 이 나라는 1958년부터 1971년까지 '아랍 연합 공화국'으로 알려져 있었다.

2 │ 1967년 이 나라는 일명 '6일 전쟁'을 치렀는데, 이것은 역사상 가장 짧은 전쟁 중 하나다.

3 │ 1934년 이 나라는 고대 에히도(공동으로 경작하는 공유 농장) 제도를 복원해 비교적 평화롭고 안정적인 생활을 했다.

4 │ 동티모르는 2002년 이 나라로부터 독립했다.

5 │ 1910년과 1920년 사이에 일어난 내전은 이 나라를 황폐화시켰고, 그 결과 2백만 명이 넘는 사람들이 사망했다.

6 │ 이 나라는 제2차 세계대전 이후인 1949년, 지배권을 되찾으려는 네덜란드를 게릴라전으로 물리쳤다.

해답 : 219쪽

95. 뒤섞인 인용문

한 동료가 일련의 유명한 역사적 인용문을 가지고 새로운 암호화 기술을 만들었다며 당신을 호출했다. 원래 단어와 띄어쓰기에 상관없이, 문장 전체를 알파벳 3~4개씩 끊은 다음 그 알파벳 덩어리들을 무작위로 배치하는 규칙이다. 단, 덩어리를 이루는 알파벳의 배열 순서는 바꾸지 않는다.

그는 당신에게 알파벳 덩어리를 다시 배열해서 원래의 인용문을 찾아보길 요청했다. 각 문제의 원래 문장은 무엇이었을까?

1 | KEOT SHAP LLMA VERI WHOE YTOO HAPP PYWI HERS

- 안네 프랑크 Anne Frank

- -

- -

2 | NOTI MEWE EVER LING INRI NLIV LLIN SING THEG ERFA LORY FALL GBUT REAT ESTG LIES NNEV YTI

- 넬슨 만델라 Nelson Mandela

- -

- -

3 | OURR NITA NGON HEEN IEAK OURE NDHA NOTI OPET DOFY ACHT WHENY

- 프랭클린 루스벨트 Franklin D. Roosevelt

- -

- -

4 | ESF HENO SMAD THIS DOVE TEUP RNEY RTHE DIMI WNES IHAV EARS NISH MIND HATI ELEA EAR

- 로사 파크스 Rosa Parks

- -

- -

해답 : 219쪽

96. 역사의 고리

아래에 나열된 20세기의 4대 사건 사이에는 어떤 공통점이 있다. 그 공통점은 무엇일까?

1962년 : 쿠바 미사일 위기는 세계를 핵전쟁 직전으로 몰고 간다.

1929년 : 월가 붕괴가 미국과 세계를 강타한다.

1923년 : 아타튀르크Atatürk를 초대 지도자로 내세워 터키 공화국이 건국되었다.

1956년 : 제2차 아랍-이스라엘 전쟁의 시작이 수에즈 위기를 촉발한다.

해답 : 220쪽

97. A to Z 퀴즈

다음 문항들은 순서대로 정답이 알파벳 A~Z로 시작한다. 이 점을 참고해 정답을 맞혀 보자.

1 | 1915~1916년 갈리폴리 전투에서 싸운 호주-뉴질랜드 연합군의 명칭은 무엇일까?

A :

---

2 | 1989년 CERN(유럽원자핵공동연구소)에서 월드 와이드 웹(www)을 개발한 사람은 팀Tim이라고 불렸다. 이 사람의 본명은 무엇일까?

B :

---

3 | 1968년, 소련은 어느 나라에서 일어난 봉기를 잔인하게 진압했다. 이 나라는 어디일까?

C :

---

4 | 1916년 유틀란트 반도 전투는 어느 유럽 나라의 해안에서 일어났을까?

D :

---

5 | 덴마크의 기사 작위를 받은 미국 대통령은 누구일까?

E :

---

6 | 1939년부터 1975년까지 스페인을 장기 통치한 군사 독재자는 누구일까?

F :

---

7 | '개방성과 투명성'을 뜻하는 러시아어로, 1980년대 중반 미하일 고르바초프Mikhail Gorbachev가 사용해 널리 대중화된 용어는 무엇일까?

G :

8 | 1937년부터 1945년까지 아시아-태평양 각지에서 적게는 300만 명, 많게는 1,000만 명을 죽인 일본 국왕은 누구일까?

H :

9 | 1987년 웨스트뱅크와 가자 지구에서 발생한 대규모 팔레스타인 봉기의 이름은 무엇일까?

I :

10 | 이전에 바타비아Batavia라고 불리던 이 수도는 1942년 일본이 점령한 뒤 이름이 바뀌었다. 바뀐 현재 이름은 무엇일까?

J :

11 | 1934년, 히틀러가 나치 독일의 돌격대 참모장인 룀Röhm을 숙청한 사건은 '긴 _____의 밤The Night of the Long _____'으로 더 잘 알려져 있다. 빈칸에 들어갈 말은 무엇일까?

K :

12 | 1992년 미국에서는 로드니 킹Rodney King을 경찰이 가혹하게 체포한 사건으로 인해 어느 도시에서 대규모 폭동이 일어났다. 이 도시는 어디일까?

L :

13 | 1992년 유럽연합을 결성한 조약의 이름은 무엇일까?

M :

14 │ 중국을 최초로 방문한 미국 대통령은 누구일까?

N :

---

15 │ 원자폭탄을 개발하는 데 중요한 역할을 했던 이론 물리학자는 누구일까?

O :

---

16 │ 1986년 소련 지도자 미하일 고르바초프Mikhail Gorbachev의 개혁 정책에 붙은 이름은 무엇일까?

P :

---

17 │ 1960년대 '조용한 혁명'을 겪은 캐나다 지역은 어디일까?

Q :

---

18 │ 남아프리카 공화국 대통령 넬슨 만델라Nelson Mandela는 27년간의 옥살이 대부분을 어느 섬에 갇혀 보냈을까?

R :

---

19 │ 시리마보 반다라나이케Sirimavo Bandaranaike가 1960년 세계 최초의 여성 총리로 선출된 나라는 어디일까?

S :

---

20 │ 베트남 전쟁 당시 베트남의 대규모 군사 공격은 베트남의 설 연휴를 딴 이름이 붙었다. 이 이름은 무엇일까?

T :

21 | 보리스 옐친 봉우리[Boris Yeltsin Peak]는 2002년에 이름이 바뀐 러시아의 산맥에 있는 산이다. 이 산이 속한 산맥의 이름은 무엇일까?

U :

----

22 | 우고 차베스[Hugo Chávez]는 어느 나라에서 볼리비아 혁명을 주도했을까?

V :

----

23 | 51일 간의 포위 공격으로 종교 지도자인 데이비드 코레쉬[David Koresh]와 그의 추종자 70명이 살해된 곳은 텍사스의 어느 도시일까?

W :

----

24 | 빌헬름 뢴트겐[Wilhelm Röntgen]은 무엇을 발견해 1901년 노벨 물리학상을 수상했을까?

X :

----

25 | 크메르 루주[Khmer Rouge][1975~1979년까지 캄보디아를 통치하고 국민들을 대량 학살한 급진 공산주의 혁명 단체]가 1975년 캄보디아에서 테러 통치의 시작을 알리려 사용했던 슬로건은 "_____Zero(제로)"이다. 빈칸에 들어갈 단어는 무엇일까?

Y :

----

26 | 1928년부터 1939년까지 집권한 알바니아의 왕은 누구일까?

Z :

해답 : 220쪽

98. 가짜 암호명을 찾아라

군사 작전에 부여된 실제 암호명이 아닌 것은 보기 A~G 중 어느 것일까?

A. 바르바로사BARBAROSSA
1941년 독일군의 소련 침공 작전

B. 사막의 폭풍DESERT STORM
1991년 미국이 이끄는 연합군의 이라크 공격 작전

C. 프리퀀트 윈드FREQUENT WIND
1975년 베트남 사이공에서 벌어진 미국의 최후의 철수 작전

D. 민스미트MINCEMEAT(존재하지 않았던 남자)
1943년 연합군의 시칠리아 침공을 위장하려는 영국군의 속임수. 사망한 노숙자 시체에 영국 해병대 복장을 입히고, 사르디니아를 공격 목표로 하고 있다는 것을 암시하는 편지를 동봉시켜 독일인들이 눈에 띄도록 바다로 떠내려 보냈다.

E. 몽구스MONGOOSE
1961년 쿠바의 지도자 피델 카스트로를 끌어내리기 위해 케네디 정부가 실시했던 작전

F. 오버로드OVERLORD
1944년 노르망디 상륙 작전 중 독일이 점령하고 있던 서유럽에 연합군이 침입하려던 작전의 암호명

G. 로우하이드RAWHIDE
1981년 미국 대통령 로널드 레이건 암살이 시도된 후 군에 의해 수행되었던 비밀 작전

해답 : 220쪽

99. 20세기 얼굴

20세기의 역사적인 인물인 사진 속 이들의 이름은 무엇일까?

1.

2.

3.

4.

5.

6.

7.

8.

9.
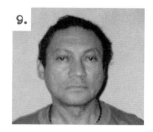

해답 : 220쪽

100. 지역과 인물 잇기

각 문항에 지역 또는 인물, 날짜가 어떤 공통점으로 묶여 있다. 그 공통점에 따르면, 물음표 자리에는 각각 무엇이 들어가야 할까?

1 │ 라이베리아 = 조셉 젠킨스 로버츠 Joseph Jenkins Roberts, 1947년

러시아 연방 = 보리스 옐친 Boris Yeltsin, 1991년

아르헨티나 = 마누엘 벨그라노 Manuel Belgrano, 1816년

싱가포르 공화국 = 리콴유 Lee Kuan Yew, 1965년

미국 = ?

- -

2 │ 워털루 전투, 1815년

압록강 전투, 1904년

제2차 마수리아호 전투, 1915년

케이프 마타판 전투, 1942년

?, 1941년

- -

3 │ 그리스, 1821 - 1829년

에스토니아, 1918 - 1920년

아일랜드, 1919 - 1921년

크로아티아, 1991 - 1995년

?, 1971년

- -

해답 : 220쪽

101. 순서 바로잡기

다음은 역사적인 장군의 이름을 뒤섞은 것이다. 글자의 순서를 바로잡은 원래 이름은 무엇일까?

다음은 20세기 유명 학자의 이름을 뒤섞은 것이다. 글자의 순서를 바로잡은 원래 이름은 무엇일까?

1 | MELROM

7 | CRIDHAR NENFMAY

2 | CFPARHWOKSZ

8 | TRLEAB INENSITE

3 | REWENISHOE

9 | MAIER ECUIR

4 | RAATHCRUM

10 | GUDINMS FUDRE

5 | COFRAN

11 | VANI VAVLOP

6 | AREVAGU

12 | RODALINS KLIFNNAR

해답 : 220쪽

102. 냉전 연대표

1947년과 1991년 사이의 냉전 기간 동안, 소련과 미국으로 대표되는 양 진영 사이에는 다양한 사건 사고가 벌어졌다. 다음은 이 기간 동안 발생했던 주요 사건들 중 일부다. 빈칸에 들어갈 단어는 각각 무엇일까?

1 | 1945년 : _____ 회담은 패전국 독일의 운명을 결정하기 위해 개최되었다.

2 | 1948년 : 소련의 지원을 받아 동유럽 국가 _____에서 공산주의 쿠데타가 일어났다.

3 | 1949년 : 베를린 _____은(는) 서베를린 사람들을 굶겨 굴복시키려는 소련의 시도를 좌절시켰다.

4 | 1950년 : _____ 전쟁은 미국과 소련이 각각 반대 세력을 지지하면서 시작되었다.

5 | 1955년 : 소련과 그 7개 위성국은 _____ 협정으로 알려진 단체를 형성하는 조약에 서명했다.

6 | 1957년 : _____은(는) 미국과 소련 사이의 '우주 레이스' 중 우주 궤도로 보내진 최초의 생명체인 개의 이름이다.

7 | 1961년 4월 : 미국은 쿠바에 있는 피델 카스트로의 공산 정권을 전복시키려는 시도인 _____ 침략에서 실패했다.

8 | 1961년 8월 : 동베를린과 서베를린을 분리하는 베를린 장벽이 세워진 후, _____ 검문소 의 반대편에서 미국과 소련의 전차들이 대치 상황을 벌였다.

9 | 1962년 : 세계는 _____ 미사일 위기와 함께 거의 핵전쟁에 이를 만큼 위험한 지경에 이르 렀다.

10 | 1968년 : 바르샤바 협정에 따라 공산주의 진영은 '프라하의 _____'을(를) 진압하기 위해 체코슬로바키아로 진입했다.

11 | 1973년 : 베트남 전쟁에 대한 미국의 개입은 _____ 협정으로 끝났다.

12 | 1980년 : 미국은 소련의 아프가니스탄 침공에 대한 항의 표시로 _____에서 열린 하계 올림픽에 참가를 거부했다.

13 | 1989년 : _____ 혁명은 체코슬로바키아의 공산주의 통치를 종식했다.

해답 : 221쪽

103. 역사적인 연설

아래 문항들은 유명한 역사적 연설의 인용구들을 첫 알파벳만 나타낸 것이다. 빈칸을 채워 문장을 완성해보자. 누가 연설한 어떤 문장일까?

1 |
I
H _ _ _
A
D _ _ _ _

2 |
I _ _
B _ _
E _ _
B _ _ _ _ _ _

3 |
I
A _
P _ _ _ _ _ _ _
T _
D _ _

4 |
T _ _

W _ _ _
O _
C _ _ _ _ _

5 |
W _
W _ _ _
N _ _ _ _
S _ _ _ _ _ _ _

6 |
T _ _
O _ _ _
T _ _ _ _
W _
H _ _ _
T _
F _ _ _
I _
F _ _ _
I _ _ _ _

해답 : 221쪽

104. 사라진 숫자 찾기

당신은 산업 스파이의 노트북을 훔쳐 정보를 빼내려고 한다. 노트북에는 비밀번호가 걸려 있었는데, 아래 문항 속 빈칸에 들어갈 숫자를 차례대로 나열한 것이 비밀번호라고 했다. 사라진 숫자를 채워 아래의 역사적 사실을 완성해보자. 비밀번호는 무엇일까?

1 │ 미국은 제2차 세계대전에서 일본이 공식적으로 항복 문서에 서명한 1945년 9월 ___일을 VJ데이(대일 전승 기념일)이라 부른다. 이와 달리 영국과 한국에서는 일본이 자국민에게 항복을 공표한 8월 15일을 기념한다.

2 │ 소련-아프가니스탄 전쟁의 시작은 197___년이었다.

3 │ 1979년 펜실베이니아 원자력발전소에서 원자로의 노심이 녹아내리는 큰 사고(멜트다운)가 발생했다. 이 재앙은 사고가 발생한 섬의 이름을 딴 '___마일 섬 사고'라는 이름으로 알려졌다.

4 │ 벨기에에서 연합군과 독일 제국군 사이에 벌어진 이프르 전투는 제 ___차 세계대전 중에 총 다섯 차례 일어났다.

5 │ 1866년 오스트리아-프러시아 전쟁은 전투가 지속된 기간을 딴 '___주 전쟁'으로도 알려져 있다.

6 │ 1970년에 아폴로 우주 프로그램의 일환으로 달에 세 번째 착륙을 시도했던 아폴로 ___호 가 발사되었다.

해답 : 221쪽

105. 독재자와 폭군

문항 1~6번은 악명 높은 독재자와 폭군들을, 보기 A~F는 그들이 행한 잔혹 행위를
나타낸다. 인물과 사건을 알맞게 연결해보자. 각 빈칸에 들어갈 보기는 무엇일까?

폴 포트Pol Pot
(캄보디아)

마오쩌둥Mao Zedong
(중국)

아우구스토 피노체트
Augusto Pinochet
(칠레)

레오폴드 2세Leopold II
(벨기에)

사담 후세인Saddam Hussein
(이라크)

이디 아민Idi Amin
(우간다)

쿠르드족, 샤박인,
아시리아인, 만다야 교도를
비롯해 그에게 반기를 든 집단은
어떤 민족이든 학살을 명령했다.
그는 이웃 나라와 오랜 전쟁을 했다.
전쟁과 침략을 반복해 그의 국민들
약 2백만 명을 죽음으로 몰아넣었다.

A

집권한 기간 동안
약 250만 명의 목숨을
앗아갔던 크메르 루주Khmer Rouge의
지도자다. 그는 국제 재판이 임박했
다는 소식을 들은 후 1998년 자살로
추정되는 최후를 맞이했다.

B

1949년부터 1976년까지,
이 공산주의 지도자는
수많은 국가의 적들은 물론
무려 6백만 명에 이르는 자국민
을 처형했다. 게다가 그의 정책
으로 거의 2천만 명의 국민이 굶
어 죽었다.

C

이 지도자는 1971년부터
1979년까지 약 8년 동안 조국을
통치했다. 민족적 편견이 가득했던 그는
사법 살인으로 10만~50만 명의 목숨을
앗아간 것으로 추정된다. 리비아, 자이르
(현재 콩고 민주 공화국), 소련, 동독과
동맹을 맺기 전에는 자유 투사로 여겨졌
으며, 한때는 이스라엘의 많은 지지를 받
은 친서방 통치자로 평가되기도 했다.

D

그는 군사 정부
지도자로서 정적을
박해하고 3,200명에 이르는 사
람들을 처형했다. 게다가 8만
명가량의 사람들을 억류하고 수
만 명을 고문했다. 그의 통치는
잔혹한 유산을 남긴 채 1998년
에 막을 내렸다.

E

이 식민지 지도자는
콩고 자유국이라는 이름 아래
약 1,500만 명의 콩고인들을 노예로 만
들어 죽였다고 추정된다. 그는 잔혹한 식
민지 지배를 하기 전까지 잔지바르의 아
랍 노예 상인들로부터 콩고인들을 해방
시킨 구원자로 여겨지기도 했다.

F

해답 : 221쪽

해답 |

CHAPTER 1 상황 판단·암호 해독

1. 금고 열기

17, 34, 40

안쪽 원에 있는 두 숫자를 더해서 나올 수 없는
숫자는 위의 세 개뿐이다.

2. 작전 개시일은 언제일까?

2019년 6월 18일

• 제2차 세계대전이 끝난 해 : 1945년
• 미국에서 911 테러가 일어난 해 : 2001년
• 미국 남북전쟁이 끝난 해 : 1865년
• 베를린 장벽이 무너진 해 : 1989년

☆=0, □=1, ●=2, ▲=4, ▽=5, ★=6,
■=8, ◉=9이므로 마지막 줄의 작전 개시일
은 6 / 18 / 2019, 즉 2019년 6월 18일이다.

3. 선배에게 배우는 지혜

D

당시 콩고 빈민촌은 선교사의 원조로 생계를 이
어가는 주민들이 많았다. 그녀는 순간적인 기지
를 발휘해 구호품을 가져온 선교사처럼 행동하
며 위기를 넘겼다. 그녀는 이 일화를 회상하며
이렇게 말했다. "나는 누가 봐도 푸근하고 마음
씨 좋은 선교사 같은 인상이었습니다. 이것이 첩
보 활동에 굉장한 장점이 되었죠. 알다시피, 선
교사는 어디에 있더라도 이상하지 않거든요."

4. 숫자에 숨은 의미

1) 요원 34

앞선 요원의 번호를 보고 알파벳을 숫자로 바꿔
계산해보면 J=4, O=6, A=1, N=5, E=2, S=8
이다. 알파벳 순서대로 숫자가 커지는 경향을 보
이므로, H는 E(2)와 J(4)의 중간 숫자인 3임을
알 수 있다. 이를 모두 더하면 34이다.

2) 빌은 본다. 리는 아프다. 그녀는 신발을 판다.
(BILL SEES. LEE IS ILL. SHE SELLS SHOES.)

책을 180도 돌려서 숫자를 알파벳으로 생각하
고 읽어보자.

5. 내 잔이 바뀐 것 같다

유리잔을 기울인다.(아래 그림 참고) 액체가 밖으
로 흐르지 않은 상태에서 A와 C 지점에 도달하
면 잔의 절반이 채워진 것이다. 따라서 이 지점
을 넘어서면 잔의 절반 이상이 채워진 것이므로
잔이 바뀐 것을 확실히 알 수 있다.

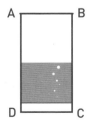
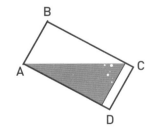

6. 자유로 가는 계단

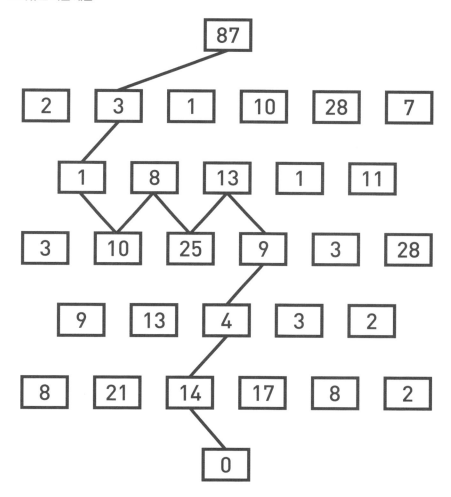

7. 두 대의 기차

그들은 오후 7시에 10번 역에서 만날 것이다.

8. 최단 경로 찾기

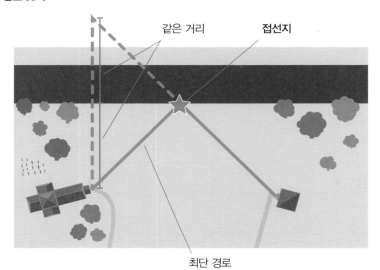

같은 거리　접선지

접선지

최단 경로

9. 아홉 개의 점

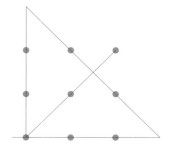

10. 기묘한 사무실

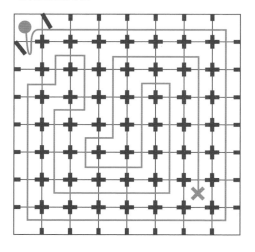

11. 정신적 민첩성을 키워라

1) The double agent has escaped to Algiers with file.(이중 스파이가 파일을 가지고 알제[알제리의 수도]로 탈출했다.)

2) 204개

3) 철골 구조인 에펠탑은 태양의 열기로 인해 여름에는 6인치 더 높아지므로 더 높이 올라가야 한다.

4) 정오(Noon)

팰린드롬palindrome(회문)은 앞에서부터 읽으나 뒤에서부터 읽으나 동일한 단어를 의미한다.

5) (인간의) 두뇌

6) 66

두 수를 곱한 값과 첫 번째 수의 첫 숫자를 제곱한 값을 더한다. $(6\times5=30)+(6\times6=36)=66$

7) 네 사건이 발생한 연도는 모두 회문식이다.

1661년 : 스웨덴이 유럽 최초의 지폐를 발행했다.

1771년 : 토머스 쿡Thomas Cook은 호주를 발견한 세계 일주 항해를 마치고 돌아왔다.

1881년 : 미국 대통령 제임스 가필드James A. Garfield가 암살당했다.

1991년 : 소련이 붕괴하고 냉전이 종식되었다.

8) 110

앞 숫자와 바로 다음에 오는 숫자를 곱한다.$(10\times11=110)$

9) 중국

중국은 20번째 결혼기념일을 특별히 축하하는 관습이 있다.

10) Cue(신호), Rack(랙, 선반), Stripes(줄무늬), Pocket(주머니) ⇨ 당구 용어

Ball(볼, 공), Sabbath(안식일), Jack(잭), Bird(새) ⇨ 앞에 블랙Black을 붙이면 다른 단어가 된다.

Nails(손톱, 못), Foil(은박), Golf club(골프채), Pot(냄비) ⇨ 알루미늄으로 만들어진 것이다.

Berlin(베를린), Great(위대한), Wailing(울부짖는), Peace(평화) ⇨ 뒤에 벽Wall을 붙이면 세계 명소가 된다.

12. 지켜야 할 주량

700mL 잔(A)을 모두 채운다. 그다음 채운 맥주를 다시 500mL 잔(B)이 꽉 찰 때까지 따른다.(A 200mL, B 500mL) 이제 B에 있는 맥주를 모두 따라 버린 뒤 A를 B에 붓는다.(A 0mL, B 200mL) 마지막으로 A를 모두 채워서 700mL가 되도록 한 다음 B가 가득 찰 때까지 B에 붓는다. 그러면 B에는 500mL, A에는 400mL가 남으므로 요원은 잔 A에 있는 맥주를 모두 마시면 된다.

13. 마지막 접선

오전 8시 30분

시간은 접선 요일의 알파벳 숫자다. 분은 바로 이전 접선 요일의 알파벳 숫자에 5를 곱한 값이다. 따라서 접선 시간은 토요일(Saturday)의 알파벳 숫자인 8시, 분은 금요일(Friday)의 알파벳 숫자에 5를 곱한 30분이다.

14. 괴짜 백만장자

27일

15. 성냥개비로 할 수 있는 일

1)

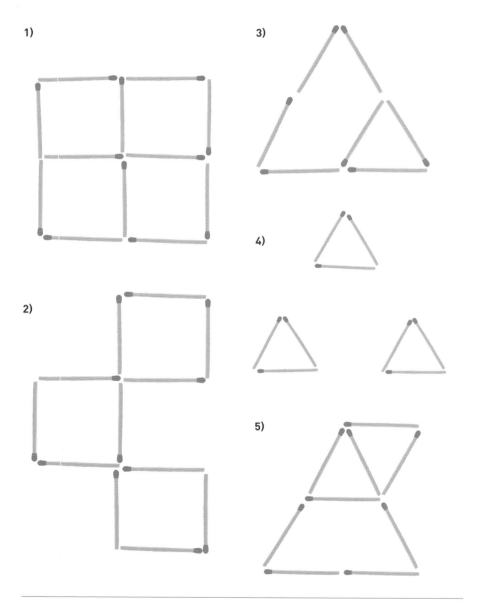

2)

3)

4)

5)

6)

10)

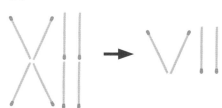

7)

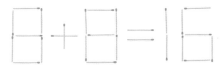

8) 81151

성냥개비 두 개를 0에서 옮겨, 숫자 앞에 놓아 15118을 만든다. 그다음 180도 돌려 81151을 만든다.

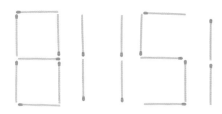

16. 정확한 회의 시간

오후 1시 5분 27초

회의가 오후 1시 5분쯤이라는 사실은 쉽게 알수 있다. 그러나 분침이 오후 1시 5분에 이르면 시침은 이미 오후 2시를 향해 움직인 상태다. 따라서 오후 1시 5분 이후가 되어야 분침도 시침을 따라가면서 시침과 분침이 정확히 같은 위치에 올 수 있다. 시침이 오후 1시에 왔을 때, 그것이 다시 12시 위치에 도달하는 데는 11시간이 걸린다. 이 말은 분침 역시 60분을 11번 돌아야 시침과 분침이 똑같은 위치에 도달한다는 뜻이다. 이를 시침 기준으로 계산하면 60÷11=5분 27초라는 계산이 나온다. 따라서 회의는 오후 1시 5분 27초에 시작될 예정이다.

9)

17. 크라임 씬

소변기 세 곳이 모두 비어 있는 경우, 일반적인 상황이라면 가운데 소변기는 거의 이용하지 않는다. 모두 비어 있을 때는 아무 곳이나 이용할 수 있다 하더라도, 소변을 보는 중 다른 사람이 들어와 소변기를 이용하면 무조건 바로 옆에 서 있어야 하기 때문이다. 평소 조심성이 많아야 할 이중 스파이라면 더욱 의식적으로 가운데 소변기를 이용하지 않았을 것이다.

만약 한 남자가 이미 소변기를 사용하고 있다면, 앞서 설명한 이유로 첫 번째 또는 세 번째 소변기를 사용하고 있을 가능성이 높다. 이 경우 살해된 스파이는 가운데가 아닌 한 칸 떨어진 양쪽 소변기 중 하나를 이용했을 것이다. 따라서 두 남자가 첫 번째와 세 번째 소변기를 모두 이용하고 있는 경우에만 스파이가 가운데 소변기에 있는 것이 자연스러워진다.

18. 쇼핑 리스트

25층
둥근 파이 = 3.14
날짜 : 크리스마스 = 12/25
초콜릿 : 밸런타인 데이 = 2/14
3141225214
이 숫자들을 모두 더하면 25가 나온다.

19. 네 개의 모자

C
만약 D 앞에 있는 두 사람이 모두 하얀 모자를 썼다면 D는 바로 자신의 모자 색깔을 맞혔을 것이다. 하얀 모자 둘, 검은 모자 둘이므로 자신은 반드시 검은 모자를 쓰고 있기 때문이다. 그러나 D는 모자 색깔을 바로 말하지 못했다. 이는 두 사람 중 하나만 하얀 모자라는 것을 의미한다. 따라서 C는 자신이 검은 모자를 쓰고 있다는 사실을 알아채고 자신 있게 정답을 외쳤다.

20. 열한 개의 수류탄

수류탄을 기존의 12개로 가정하고 절반(6개), 4분의 1(3개), 6분의 1(2개)로 나눈다. 분배한 수류탄은 모두 11개이므로 불량인 수류탄 하나가 남게 된다.

21. 약수의 의미

여섯 번

22. 서류 가방

$938 + 938 = 1876$
$928 + 928 = 1856$
$867 + 867 = 1734$
$846 + 846 = 1692$
$836 + 836 = 1672$
$765 + 765 = 1530$
$734 + 734 = 1468$

23. 숫자 주사위

1
각 면의 숫자들은 모두 더하면 20이 된다.

24. 연필 여섯 자루

연필 세 자루를 눕혀 밑면을 만들고, 연필 세 자루를 세워 모서리를 만들어 입체 정사면체가 되도록 하면 정삼각형 네 개를 만들 수 있다.

25. 조작된 항로

26. 책장의 비밀

매들린 올브라이트Madeleine Albright의 《마담 세크리터리Madam Secretary》와 제임스 맥팔레인James McFarlane의 《신격화된 자아The Deified Self》

힌트인 Dr. Awkward는 거꾸로 읽어도 원래 배열과 똑같은 회문이다. 위의 두 제목 역시 회문(madam과 deified)을 포함하고 있다.

27. 수상한 컨테이너

2번 : 오전 10시 20분
3번 : 오후 3시 40분

28. 암호명 수수께끼

1) 나이
2) 핀(Phin)
3) 경마장
4) 침묵
5) 수박
6) 연탄
7) 그림자
8) 연필
9) 거짓말

CHAPTER 2 추리법·첩보 기술

29. 정체를 숨겨라

런던

1474년 영국에서 인쇄된 첫 번째 책은 체스 책이다. 《퀸즈베리 후작의 규칙》은 1867년에 출간되었다.

30. 동전 퍼즐

1)

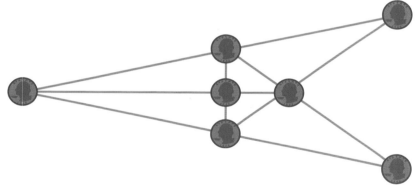

2)

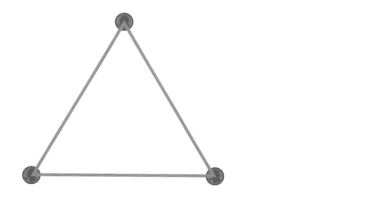

3)

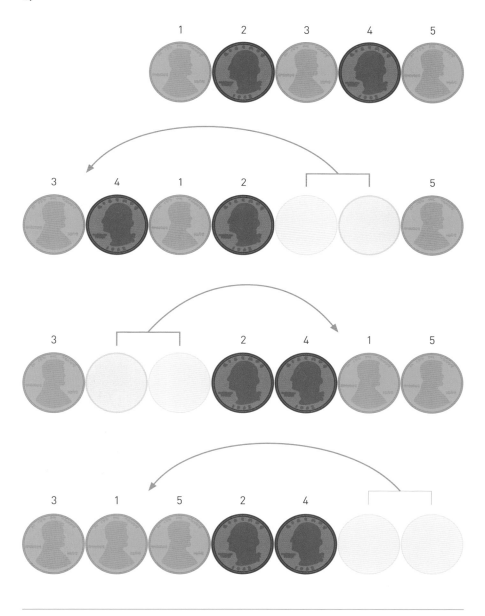

31. 카스트로를 죽이는 638가지 방법

B, E

B : 카스트로의 아내는 그를 배신하지 않았다.

E : 카스트로는 체스를 좋아했지만, 그가 체스를 할 때는 아무 사고도 일어나지 않았다.

32. 이상한 취조실

1) 녹음기

심문하는 사람 옆에 녹음기가 있다. 용의자를 취조하는 심문자는 녹음기를 직접 조작해서는 안 된다.

2) 메모장과 펜

심문 과정을 기록하는 행위 역시 심문자가 아닌 다른 사람이 해야 한다.

3) 램프의 각도

램프의 빛은 심문자 뒤에서 용의자를 비춰야 한다. 심문자의 얼굴을 가리면서 용의자를 불안하게 해야 하기 때문이다.

4) 시계

시계는 낯선 환경에 있는 사람에게 편안함과 친숙함을 준다. 따라서 취조실에는 용의자가 쉽게 볼 수 있는 곳에 시계가 걸려 있지 않다.

5) 전등 스위치

스위치 같은 조작 버튼이 용의자 근처에 있으면 용의자가 주변 환경을 통제할 수 있다는 느낌을 받게 되는데, 이런 일은 절대 일어나지 않도록 해야 한다.

6) 문

문은 용의자 옆에 있으면 안 된다. 용의자가 심문자를 대하는 것을 최대한 불안해하도록 심문자 쪽 끝에 있는 것이 이상적이다.

33. 죄수의 식사 시간

심문자는 감방 벽에 걸린 시계의 시간을 임의로 돌려서 수감자의 시간 감각을 조작하고 있다. 더불어 하루 세끼를 왜곡된 시간에 맞춰 주면서 생체 시계를 비정상적으로 작동하게 해 심신 미약 상태를 만들 수 있다.

36. CIA 행동 지침

1) D

2) C

폭발이 일어난다면, 당신은 가장 먼저 발밑에 있는 잔해와 파편의 방해 없이 자유롭게 움직일 수 있어야 한다.

3) D

37. 폭탄 해체하기

분홍색 전선

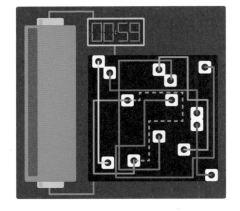

38. 복잡한 암호

암호문이 총 60자이고 코드는 6자이므로 열의 길이는 10줄이다. 따라서 아래와 같이 열 자로 분할된 암호문을 연속된 번호의 열에 세로로 배치한다.

ANVEIIAIEC HEOLUGIVRN YEIRVDMERT UECDBNDYAA OBSEEIELER VDEALMTANE

```
[ 1  2  3  4  5  6 ]
  A  H  Y  U  O  V
  N  E  E  E  B  D
  V  O  I  C  S  E
  E  L  R  D  E  A
  I  U  V  B  E  L
  I  G  D  N  I  M
  A  I  M  D  E  T
  I  V  E  Y  L  A
  E  R  R  A  E  N
  C  N  T  A  R  E
```

코드인 FRIDAY를 3번에서 말한 숫자로 바꾼 뒤 이 숫자를 기준으로 열의 순서를 바꾼다.

```
[ F  R  I  D  A  Y ]
[ 3  5  4  2  1  6 ]
  Y  O  U  H  A  V
  E  B  E  E  N  D
  I  S  C  O  V  E
  R  E  D  L  E  A
  V  E  B  U  I  L
  D  I  N  G  I  M
  M  E  D  I  A  T
  E  L  Y  V  I  A
  R  E  A  R  E  N
  T  R  A  N  C  E
```

순서를 바꾼 암호문을 그대로 읽는다.

You have been discovered. Leave building immediately via rear entrance.

(당신은 발각되었다. 후문을 통해 즉시 건물을 떠나라.)

39. 당신은 어디에 앉아 있는가

수감자 1 : 미끄럽거나 계속 자세를 고쳐 앉아야 하는 의자에 앉힌다.
몸이 계속 동요하고 있으면 침묵에 집중하기 어렵고, 감정이 나타나기 쉬운 상태로 만들 수 있다.

수감자 2 : 금방 넘어질 것 같은 의자에 앉힌다.
불안과 두려움을 유지하는 분위기를 조성하면, 오히려 그 감정이 더 빨리 깨지고 정보를 얻을 수 있는 상태에 들어설 가능성이 높아질 수 있다.

수감자 3 : 편안한 의자에 앉힌다.
그러면 자신감과 자기 확신의 감정을 현 상태에 만족하거나 안주하려는 경향으로 자연스럽게 변화시킬 수 있다.

수감자 4 : 가장 불편한 의자에 앉힌다.
거짓이나 가식적 행동이 의심되는 경우에는 신체를 불편하고 거북한 상태에 빠뜨려 거짓 행동을 하기 어렵게 만들어야 한다.

물론 이 매뉴얼이 유일한 정답은 아니며 다른 타당한 답변들도 존재할 수 있다.

40. 총을 겨누는 상대에 대처하는 법

C
다른 세 가지 방법은 오히려 총에 맞을 가능성을 높인다.

41. 최신 감시 기술

D
그래핀을 활용한 야간 시력 증폭 콘택트렌즈는 개발되었지만, 먹는 알약은 아직 개발되지 않았다.

42. 인질로 잡혔을 때와 인질을 잡았을 때

1) B
2) A
3) A
4) B
5) B
6) A
7) A
8) A

43. 모스 부호 메시지

SHE HAS FLOWN TO BERLIN WITH DOSSIER.(그녀는 일체의 서류를 가지고 베를린으로 달아나버렸다.)

CHAPTER 3 국제 관계·세계 지리

44. 글로벌 링크

1) 로스앤젤레스
모두 그 나라에서 가장 큰 항구 도시다.

2) 방글라데시, 일본, 나미비아, 르완다 등 국기에 태양이 그려진 나라

3) 국기에 나뭇잎이 있다.
캐나다는 단풍잎, 레바논은 삼나무, 적도 기니는 판야나무가 있다.

4) 세계에서 국기에 그 나라의 지도가 그려진 나라는 이 둘뿐이다.

5) 국기에 새가 그려져 있다.

6) 상파울루
모두 그 나라에서 인구가 가장 많은 도시다.

7) 베링 해협
겨울에 해협이 얼어붙어 러시아와 미국을 연결한다.

8) ②
A＝러시아, B＝알제리, C＝브라질, D＝캐나다, E＝프랑스. 표시된 국가들은 각 대륙에서 국토가 가장 넓은 나라다. 러시아(아시아), 알제리(아프리카), 브라질(남미), 캐나다(북미), 프랑스(유럽).

45. 세계의 국기

1) A＝루마니아, B＝몽골, C＝사우디아라비아, D＝아르헨티나

2-1) 네팔

2-2) 모든 나라 국기 중 사각형 형태가 아닌 유일한 국기다.

3-1) 27곳

3-2) 호주, 부룬디, 덴마크, 도미니카 연방, 도미니카 공화국, 피지, 핀란드, 조지아, 그리스, 아이슬란드, 자메이카, 마셜 제도, 몰타, 몰도바, 몬테네그로, 뉴질랜드, 노르웨이, 포르투갈, 산마리노, 세르비아, 슬로바키아, 스페인, 스웨덴, 스위스, 통가, 투발루, 영국.

4) B

46. 분쟁 지역 파일

1) 이스라엘　　**2)** 나이지리아
3) 북한　　　　**4)** 미얀마

47. 세계의 정보기관

1) G	**2)** C	**3)** K	**4)** D
5) L	**6)** A	**7)** B	**8)** F
9) I	**10)** J	**11)** N	**12)** M
13) E	**14)** O	**15)** H	

48. 어느 산맥일까?

1) C	**2)** B	**3)** A	**4)** D

49. 숫자 지리 퀴즈

1) 14억

2) 8,848

3) 41,820

4) 210만

5) 979

6) 3,601만

7) 11억

8) 83억 9,400만

50. 다음에 올 것은?

1) 덜레스Dulles

각 도시에 소재한 공항을 나타낸다.

2) 대한민국 국회

각 국가의 국회를 지칭하는 말이다.

3) 니케이 지수Nikkei

이들은 모두 각 국가 주식시장의 주가지수다.

4) IRA

각 국가의 분리 독립/민족 해방 단체를 나타낸다.

5) 넬슨 만델라Nelson Mandela, F.W. 데 클레르크F.W. de Clerk, 남아프리카 공화국

이들은 모두 그 해의 노벨평화상 수상자다.

6) 유로Euro

각 국가에서 사용하는 통화를 나타낸다.

7) 비키니 환초Bikini Atoll

그 지역에서 핵실험이 벌어진 장소다.

8) 구세주 그리스도상

각 국가에서 관광객들이 가장 많이 방문하는 관광 명소다.

9) 아라라트Ararat

이들은 모두 각 나라에서 가장 높은 산이다.

10) 포르투갈어

이들은 모두 공식 국가 언어다.

51. 버려진 장소

1) 우크라이나의 프리피야티Pripyat, 체르노빌Chernobyl

2) 미국의 식스 플래그스 뉴올리언스Six Flags New Orleans

3) 이라크의 사담 후세인 궁전Saddam Hussein's Palace

4) 나미비아의 콜만스코프Kolmanskop

5) 칠레의 아타카마 사막에 있는 움베르스톤Humderstone과 산타 라우라Santa Laura

52. 세계 지리 퀴즈

1) 태평양-대서양-인도양-남극해-북극해

2) 오대양 중 대서양과 태평양은 너무 커서 적도를 기준으로 북과 남으로 나누기도 한다. 즉 오대양에서 북대서양-남대서양, 북태평양-남태평양이 추가된다.

3) 97.5%

4) 70미터

3번 문제에서 설명했듯이, 전 세계의 민물은 2.5%다. 이 중 3분의 2가 남극과 고산에서 빙하의 형태로 얼어 있다. 만약 이 얼음이 모두 녹는다면 지구 전체의 해수면이 70미터 상승해 수많은 지역이 가라앉을 것이다.

5) 국토가 큰 상위 25개 국가의 지도를 순서대로 나열했다.

6) 아제르바이잔, 조지아, 카자흐스탄, 러시아, 터키

7) 아르메니아, 사이프러스(키프로스)

8) 안데스산맥(7개국은 베네수엘라, 콜롬비아, 에콰도르, 페루, 볼리비아, 칠레, 아르헨티나)

9) 전 세계의 국경

10) 아르헨티나의 이구아수 폭포

11) 수에즈 운하

12) 칠레에서 뉴질랜드에 이르는 세계에서 가장 큰 지진 지대이자 화산 지대로, 지진과 화산으로 인한 화재가 가장 빈번한 곳이다.

53. 뒤죽박죽 이름

1) CARACAS 카라카스

2) BOGOTA 보고타

3) BUENOS AIRES 부에노스아이레스

4) SANTIAGO 산티아고

5) SARAJEVO 사라예보

6) HAVANA 아바나

7) JAKARTA 자카르타

8) ISLAMABAD 이슬라마바드

9) BERLIN 베를린

10) PARIS 파리

11) WARSAW 바르샤바

12) STOCKHOLM 스톡홀름

13) KUALA LUMPUR 쿠알라룸푸르

14) MOSCOW 모스크바

15) SEOUL 서울

16) CAIRO 카이로

17) CANBERRA 캔버라

18) NAIROBI 나이로비

54. 강은 어디에

1) 템스강(영국)

2) 아마존강(볼리비아, 브라질, 콜롬비아, 에콰도르, 페루, 베네수엘라)

3) 나일강(탄자니아, 우간다, 르완다, 부룬디, 콩고 민주 공화국, 케냐, 에티오피아, 에리트레아, 남수단, 수단, 이집트)

4) 미시시피강(미국)

55. 깃발에 그려진 별

1) 모로코

2) 미국

3) 파키스탄

4) 파나마

5) 북한

6) 보스니아 헤르체고비나

7) 중국

8) 베네수엘라

9) 필리핀

10) 호주

11) 브라질

12) 이스라엘

56. 칵테일 메뉴

1) 아르헨티나

2) 바베이도스

3) 엘살바도르

4) 라이베리아

5) 스페인

6) 몰타

7) 리히텐슈타인

8) 벨라루스

9) 인도

10) 나우루

57. 인문 지리 퀴즈

1) 중국 1,379, 인도 1,282, 미국 327, 인도네시아 261, 브라질 207, 파키스탄 205, 나이지리아 191, 방글라데시 158, 러시아 142, 일본 126

2) 중국, 인도

3) 인구 밀도

마카오는 세계에서 가장 인구 밀도가 높은 곳이고, 그린란드는 가장 인구 밀도가 낮은 곳이다.

4) 4개

만다린 중국어 12%, 스페인어 6%, 영어 5%, 아랍어 5%

5) 150

6) 기독교 31%, 이슬람교 23%, 힌두교 15%, 불교 7%

7) 2,100만 원

8) 82%

58. 인구 이동 퀴즈

1) 요르단

2) 터키

3) 파키스탄

4) 레바논

5) 이란

6) 에티오피아

7) 케냐

8) 우간다

9) 콩고 민주 공화국

10) 차드

59. 원유의 지리경제학

1) 베네수엘라, 사우디아라비아, 캐나다

2) 베네수엘라

3) 나이지리아

4) 미국, 러시아, 사우디아라비아, 캐나다, 이라크

5) 미국(하루 약 18억 5천만 배럴 소비)

6) 캐나다

7) 이란

8) 지정학

60. 지리경제학적 의존도 : 미국

1) 팔레스타인(370달러)

2) 이스라엘(367달러)

3) 요르단(188달러)

4) 아프가니스탄(148달러)

5) 레바논(84달러)

61. 지리경제학적 의존도 : 중국

1) 호주(34%)

2) 대만(26%)

3) 대한민국(25%)

4) 칠레(23%)

5) 일본(19%)

6) 페루(19%)

7) 브라질(18%)

8) 말레이시아(12%)

9) 태국(12%)

10) 인도네시아(10%)

62. 온라인 전쟁

미국 : 색칠하는 칸 18개, 빈칸 4개

미국의 인터넷 사용 인구는 전체 인구의 약 82%(2억 6,500만 명)를 차지한다.

중국 : 색칠하는 칸 47개, 빈칸 45개

중국의 인터넷 사용 인구는 전체 인구의 약 51%(7억 200만 명)를 차지한다.

*출처 : Statista, Digital Market Outlook, 2016년

63. 테러와의 전쟁

1) 헤즈볼라Hezbollah

2) 이라크의 알 카에다Al-Qaeda in Iraq

3) 이슬람 머그레브의 알 카에다Al-Qaeda in the Islamic Maghreb

4) 하르카트 울 무자헤딘Harkat-ul-Mujahideen

5) 안사루Ansaru

6) 자미아트 이슬라미Jamiat-e Islami

7) 팔레스타인의 이슬람 지하드 활동Islamic Jihad Movement in Palestine

8) 필리핀의 신인민군New People's Army of the Philippines

9) 자이셰 모하메드Jaish-e-Mohammed

10) 동인도네시아 무자헤딘Eastern Indonesian Mujahideen

11) 라슈카르–에–잔그비Lashkar-e-Jhangvi

12) 투르키스탄 이슬람당Turkistan Islamic Party

CHAPTER 4 기억력·공간 지각

64. 길 찾기 연습
1) 좌회전 2번, 우회전 1번
2) 좌회전 3번, 우회전 3번
3) 좌회전 5번, 우회전 5번
4) 좌회전 7번, 우회전 7번

65. 다른 점 찾기
1)

2)

66. 주사위를 돌려라

1)  **2)**

67. 시곗바늘 꺾기

1-C

2-D

3-A

4-B

68. 오류 찾기

문제를 잘 읽어보면 '여기'가 두 번 반복되는 오류가 있다. 난이도와 제시된 문항들은 모두 함정이다.

69. 구멍은 몇 개?

8개

목 부분과 밑부분, 두 팔을 합쳐 4개, 몸 부분에 뚫린 구멍을 합쳐 4개이므로 총 8개의 구멍이 있다. 몸 부분의 구멍이 4개인 이유는 앞쪽에 구멍 2개, 뒤쪽에도 구멍 2개가 있기 때문이다.

70. 아침 점심 저녁

1) 오후 7시
왼쪽 건물은 영국 의회, 오른쪽 건물은 포트큘리스 하우스이며 중간에는 빅 벤이 있다. 건물의 위치를 보면 사진이 서쪽을 향해 찍혔다는 것을 알 수 있다. 따라서 해가 지고 있는 시간인 오후 7시다.

2) 오후 12시
빌딩이 그림자를 드리우고 있지 않다. 건물 양옆과 뒤쪽 건물에도 그림자가 없다. 사람들과 자동차가 만드는 그림자는 바로 아래에 있으므로 태양이 가장 높이 뜬 한낮임을 알 수 있다.

3) 오후 6시 30분
브라질에 있는 구세주 그리스도상은 떠오르는 태양을 마주하는 방향으로 세워졌다. 사진의 태양은 그리스도상 뒤에 있으므로 해가 지는 시간이라는 것을 나타낸다.

4) 오전 7시
뉴욕에서는 일반적으로 짝수 번호 거리가 동쪽을, 홀수 번호 거리가 서쪽을 나타낸다. 사진의 표지판은 웨스트 33번가이고 태양은 이 서쪽을 향한 거리 표지판 뒤에 있다. 따라서 현재 태양은 동쪽에서 떠오르는 중이므로 아침이다.

71. 기호 짝 맞추기

1) ○
2) ✪
3) ⬠

72. 공중 투하

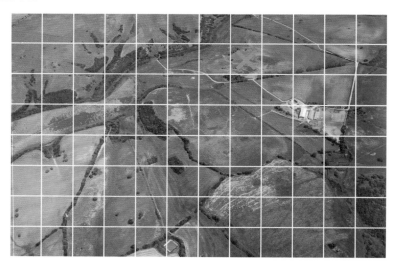

73. 프리즌 브레이크

74. 미행 따돌리기

초록색

당신은 급한 대로 거리와 위험 요인을 곱해 미행 위험도를 도출하는 간이 공식을 만들었다.

경로	거리	위험 요인	미행 위험도
파란색	3.7마일	2.5	9.25
빨간색	3.5마일	3	10.5
초록색	4마일	2.25	9
노란색	4.6마일	2	9.2

75. 국기를 관찰하다

몬테네그로

몬테네그로는 새가 아닌 다른 동물(사자)이 그려진 유일한 국기이다. 또한 실존하지 않는 새가 그려진 유일한 국기이기도 하다.(잠비아 : 아프리카 물수리, 에콰도르 : 콘도르, 파푸아뉴기니 : 극락조, 도미니카 연방 : 앵무새)

76. 거울 퀴즈

1) 키의 절반 길이면 몸 전체를 비출 수 있다.
2) C
뒤로 갈수록 크기는 작아지지만, 몸은 똑같은 상태로 가려 보인다.

77. 적의 위치

1)

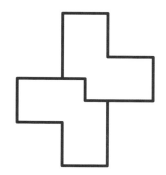

2)

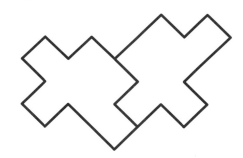

3)

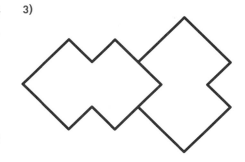

78. 무작위 사물 기억 테스트

1) 8745

2) 연필, 열쇠, 책

3) B

4) 만년필

5) 연필

6) 열쇠, 봉투

7) C

8) 비행기, 연필, 플로피 디스크, 열쇠, 권총, 폭탄, 책, 나이프, 가위, 종

9) 별, 해골과 뼈다귀, 만년필, 봉투, 꽃, 눈 결정체, 전화, 초, 모래시계, 안경

79. 번호판을 활용한 기억력 트레이닝

1) CH 182 747

2) C 14 837 27

3) ZW 27 843 D

4) GB 746 912

5) DK 9988 76

6) PK 64 7 29A

81. 다른 점 찾기 2

1)

2)

3)

4)

82. 가방 검문

작은 에어로졸 하나가 사라졌다.

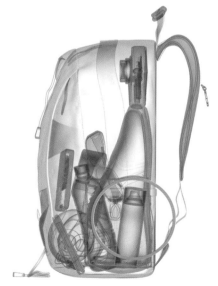

83. 순간 지각 테스트

1) E

2) 두 원은 같은 크기다.

3) 3개

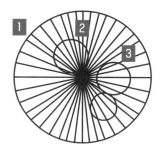

4) 사각형 안의 원

원은 전체 도형의 78%를 차지하는 반면, 사각형은 64%를 차지한다.

5) 인간의 두뇌(180도 회전한 모양이다.)

84. 반응력 테스트

사각형	별	원	삼각형	별
원	별	원	사각형	원
삼각형	사각형	별	사각형	삼각형

85. 거울에 비친 숫자

5개

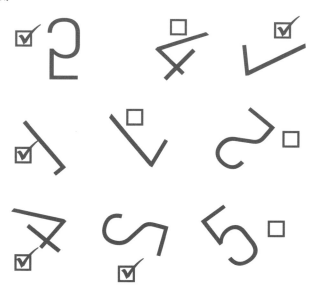

CHAPTER 5 세계사·국제 분쟁

86. 냉전을 그리다

1) 1962년, 쿠바 미사일 위기
소련이 미국 타격 목적으로 쿠바에 핵미사일을 배치한 사건

2) 1963년, 미국 대통령 존 F. 케네디의 서베를린 방문 연설
"나는 베를린 시민입니다Ich bin ein Berliner"라는 문장으로 유명하다.

3) 1963년, 쿠바 미사일 위기 이후 백악관과 크렘린궁 사이의 핫라인 설치

4) 존 F. 케네디의 대통령 재임 기간
케네디 재임 당시 백악관은 카멜롯(아서왕의 궁궐이 있었다는 전설의 도시)에 비유되곤 했다.

5) 1990년, 맥도날드가 최초로 모스크바 푸시킨 광장에서 문을 열며 냉전의 종식을 알렸다.

6) 1989년, 폴란드, 헝가리, 동독, 체코슬로바키아, 불가리아의 비폭력 동유럽 혁명
공산주의의 몰락을 상징하는 사건이었다.

87. 전쟁 무기 퀴즈

1) 제1차 세계대전
프랑스가 최루가스 또는 브로모아세트산에틸을 사용했다.

2) 맨해튼 프로젝트

3) 영국과 캐나다

4) 히로시마와 나가사키

5) 에이전트 오렌지Agent Orange

6) 사린 가스Sarin gas

88. 기술의 세계사

1) 콜로서스Colossus

2) 에니그마Enigma

3) 1961년

4) 핵무기를 무력화하기 위한 시스템 개발

5) 스타워즈Star Wars

6) 텔스타 1Telstar 1

89. 전쟁의 지도자들

1) 제1차 세계대전(1914년)
독일 : 카이저 빌헬름 2세Kaiser Wilhelm II
러시아 : 황제 니콜라스 2세Czar Nicholas II
영국 : 데이비드 로이드 조지David Lloyd George
미국 : 우드로 윌슨Woodrow Wilson

2) 제2차 세계대전(1939년)
독일 : 아돌프 히틀러Adolf Hitler
러시아 : 이오시프 스탈린Joseph Stalin
영국 : 네빌 체임벌린Neville Chamberlain
미국 : 프랭클린 D. 루스벨트Franklin D. Roosevelt

3) 이라크 전쟁(2003년)
독일 : 게르하르트 슈뢰더Gerhard Schröder
러시아 : 블라디미르 푸틴Vladimir Putin
영국 : 토니 블레어Tony Blair
미국 : 조지 W. 부시George W. Bush

90. 역사의 증인들

1) 미국 대통령 윌리엄 매킨리 암살 사건

2) 나치에서 해방된 파리

3) 베를린 장벽 건설

4) 베트남 전쟁

5) 흑인 인권운동가 마틴 루터 킹 박사Dr. Martin Luther King Jr. 암살

6) 천안문 사태

7) 닐 암스트롱의 인류 최초 달 착륙

흔히 "이것은 인간에게는 하나의 작은 발걸음이지만, 인류에게는 하나의 거대한 도약입니다."라고 말한 것으로 알려져 있지만, 사실은 전파 방해로 인한 오류로 지상관제에는 "한 인간에게는 작은 발걸음…"이라는 메시지만 받을 수 있었다고 한다.

91. 숫자로 보는 역사

1) 4번

2) 100송이

'백화제방'이라고 불린 중국의 예술 정책.

3) 17도

4) 13

5) 1,500억 가지

92. 변화의 지도

1) 유럽 식민 지배로부터의 독립

그러나 아프리카 나라들은 기존과는 완전히 다른 국경과 영토를 차지하게 되었다.

2) 각국이 독립한 해

3) 각국이 어떤 유럽 나라의 식민지였는지 구분해놓은 것이다.

4) 라이베리아, 에티오피아

5) 19세기에 식민지화되지 않은 아프리카 나라는 이 두 곳뿐이다.

93. 최초의 것들

1) 1839년

2) 1911년

3) 1967년

4) 1893년

5) 1973년

6) 1903년

7) 1963년

8) 1868년

94. 아프리카, 아메리카, 아시아

1) 이집트

2) 이집트

3) 멕시코

4) 인도네시아

5) 멕시코

6) 인도네시아

95. 뒤섞인 인용문

1) Whoever is happy will make others happy too.(행복한 사람은 다른 사람들도 행복하게 할 것입니다.)

─안네 프랑크Anne Frank

2) The greatest glory in living lies not in never falling, but in rising every time we fall.(삶의 가장 큰 영광은 결코 실패하지 않는 것이 아니라 실패할 때마다 일어나는 것입니다.)

─ 넬슨 만델라Nelson Mandela

3) When you reach the end of your rope, tie a knot in it and hang on.(로프 끝에 이르면, 그것으로 매듭을 묶어 잡고 매달리십시오.)

─프랭클린 루스벨트Franklin D. Roosevelt

4) I have learned over the years that when

one's mind is made up, this diminishes fear.
(저는 마음을 확실히 결정하는 것이 공포라는 감정
을 억제한다는 것을 수년에 걸쳐 배웠습니다.)
─로사 파크스Rosa Parks

96. 역사의 고리
네 사건은 모두 같은 날인 10월 29일에 벌어졌다.

97. A to Z 퀴즈
1) 안작ANZAC
2) 버너스리Berners-Lee
3) 체코슬로바키아Czech-slovakia
4) 덴마크Denmark
5) 아이젠하워Eisenhower
6) 프랑코Franco
7) 글라스노스트Glasnost
8) 히로히토Hirohito
9) 인티파다Intifada
10) 자카르타Jakarta
11) 칼Knives
12) 로스앤젤레스Los Angeles
13) 마스트리히트Maastricht
14) 닉슨Nixon
15) 오펜하이머Oppenheimer
16) 페레스트로이카Perestroika
17) 퀘벡Quebec
18) 로벤Robben섬
19) 스리랑카Sri Lanka
20) 구정 대공세(뗏 대공세)Tet Offensive
21) 우랄Urals산맥
22) 베네수엘라Venezuela
23) 웨이코Waco
24) 엑스레이X-ray
25) 연도Year
26) 조구 1세Zog I

98. 가짜 암호명을 찾아라
G. 로우하이드Rawhide
이 이름은 미국 대통령 로널드 레이건의 개인
암호명이다.

99. 20세기 얼굴
1) 헨리 키신저Henry Kissinger
2) 맬컴 엑스Malcolm X
3) 마가렛 대처Margaret Thatcher
4) 인디라 간디Indira Gandhi
5) 콜린 파월Colin Powell
6) 레오니트 브레즈네프Leonid Brezhnev
7) 로버트 무가베Robert Mugabe
8) 매들린 올브라이트Madeleine Albright
9) 마누엘 노리에가Manuel Noriega

100. 지역과 인물 잇기
1) 조지 워싱턴George Washington, 1776년
그들은 모두 각 나라의 최초 지도자다.
2) 진주만 공격
전투의 이름이 모두 물과 연관되어 있다. 물과
관련된 다른 답도 가능하다.
3) 방글라데시
해당 시기에 독립 전쟁에서 승리한 나라. 다른
답도 가능하다.

101. 순서 바로잡기
1) 롬멜ROMMEL
2) 슈바르츠코프SCHWARZKOPF
3) 아이젠하워EISENHOWER

4) 맥아더MACARTHUR

5) 프랑코FRANCO

6) 게바라GUEVARA

7) 리처드 파인만RICHARD FEYNMAN

8) 앨버트 아인슈타인ALBERT EINSTEIN

9) 마리 퀴리MARIE CURIE

10) 지그문트 프로이트SIGMUND FREUD

11) 이반 파블로프IVAN PAVLOV

12) 로잘린드 프랭클린ROSALIND FRANKLIN

102. 냉전 연대표

1) 얄타

2) 체코슬로바키아

3) 공수

4) 한국

5) 바르샤바

6) 쿠드랴프카

7) 피그스만

8) 찰리

9) 쿠바

10) 봄

11) 파리

12) 모스크바

13) 벨벳

103. 역사적인 연설

1) I have a dream.(나에게는 꿈이 있습니다.)
— 마틴 루터 킹Martin Luther King, 1963년

2) Ich bin ein Berliner.(저도 베를린 시민입니다.)
— 존 F. 케네디John F. Kennedy, 1963년

3) I am prepared to die.(나는 죽을 준비가 되어 있다.)
— 넬슨 만델라Nelson Mandela, 1964년

4) The wind of change(변화의 바람)
— 해럴드 맥밀런Harold MacMillan, 1960년

5) We will never surrender.(우리는 절대 굴복하지 않을 것이다.)
— 윈스턴 처칠Winston Churchill, 1940년

6) The only thing we have to fear is fear itself.(우리가 두려워할 유일한 것은 두려움 그 자체다.)
— 프랭클린 루스벨트Franklin D. Roosevelt, 1933년

104. 사라진 숫자 찾기

9931713

1) 9

2) 9

3) 3

4) 1

5) 7

6) 13

105. 독재자와 폭군

1) B

2) C

3) E

4) F

5) A

6) D

감사의 말

이 책은 맷 윈저가 없었다면 나오기 힘들었을 것이다. 맷 윈저는 책을 멋지게 디자인했을 뿐 아니라 퍼즐에 생동감을 불어넣기 위해 열정적으로 작업해주었다. 프로젝트 편집자인 리처드 웹과 주디스 체임벌린에게도 깊은 감사의 인사를 전한다. 책을 쓰는 과정 내내 퍼즐을 풀고 질문에 답해달라는 요청에 지치지 않고 답해준 어머니, 니키 길라드 여사에게도 감사 인사를 드린다. 훌륭한 삽화를 그려준 롭 브랜트와 퍼즐 전문가인 개러스 무어에게도 감사드리고 싶다. 개러스 무어는 이 책에 담긴 문제의 퀄리티와 수준을 섬세하게 테스트해주었다.

사진 자료 제공

12쪽	©SIA KAMBOU	AFP	Getty Images
24쪽	©chainarong06	Shutterstock
30쪽	©Jose Gil	Shutterstock
34쪽	©Vakabungo	Shutterstock
35쪽	©ESB Professional	Shutterstock
36쪽	©Mauro 1969	Shutterstock
51쪽	©dean bertoncelj	Shutterstock
66쪽	©Kryuchka Yaroslav	Shutterstock
86쪽	©Yarr65	Shutterstock ©Vladislav Gurfinkel	Shutterstock ©Simon Wendler	Shutterstock
90쪽	©Kamilalala	Shutterstock ©KEG−KEG	Shutterstock.com

옮긴이 이은경

광운대학교 영문학과를 졸업했으며, 저작권에이전시에서 에이전트로 근무했다. 현재 번역에이전시 엔터스코리아에서 출판 기획 및 전문 번역가로 활동하고 있다. 옮긴 책으로는 《멘사퍼즐 추론게임》《멘사퍼즐 아이큐게임》《멘사 지식 퀴즈 1000》《수학올림피아드의 천재들》외 다수가 있다.

CIA 범죄 퍼즐

IQ 148을 위한 추리 전쟁

1판 1쇄 펴낸 날 2022년 6월 10일
1판 3쇄 펴낸 날 2024년 6월 20일

지은이 존 길라드
옮긴이 이은경

펴낸이 박윤태
펴낸곳 보누스
등록 2001년 8월 17일 제313-2002-179호
주소 서울시 마포구 동교로12안길 31 보누스 4층
전화 02-333-3114
팩스 02-3143-3254
이메일 bonus@bonusbook.co.kr

ISBN 978-89-6494-554-4 03410

• 책값은 뒤표지에 있습니다.

IQ 148을 위한
MENSA PUZZLE SERIES

영국 아마존
베스트셀러

30만부
돌파!

과학 분야
베스트셀러

멘사코리아
감수

내 안에 잠든
천재성을 깨워라!

대한민국 2%를 위한
두뇌유희 퍼즐

멘사 논리 퍼즐

필립 카터 외 지음 | 250면

멘사 문제해결력 퍼즐

존 브렘너 지음 | 272면

멘사 사고력 퍼즐

켄 러셀 외 지음 | 240면

멘사 사고력 퍼즐 프리미어

존 브렘너 외 지음 | 228면

멘사 수리력 퍼즐

존 브렘너 지음 | 264면

멘사 수학 퍼즐

해럴드 게일 지음 | 272면

멘사 수학 퍼즐 디스커버리

데이브 채턴 외 지음 | 224면

멘사 수학 퍼즐 프리미어

피터 그라바추크 지음 | 288면

멘사 시각 퍼즐

존 브렘너 외 지음 | 248면

멘사 아이큐 테스트

해럴드 게일 외 지음 | 260면

멘사 아이큐 테스트 실전편

조세핀 풀턴 지음 | 344면

멘사 추리 퍼즐 1

데이브 채턴 외 지음 | 212면

멘사 추리 퍼즐 2

폴 슬론 외 지음 | 244면

멘사 추리 퍼즐 3

폴 슬론 외 지음 | 212면

멘사 추리 퍼즐 4

폴 슬론 외 지음 | 212면

멘사 탐구력 퍼즐

로버트 앨런 지음 | 252면

멘사퍼즐 논리게임
브리티시 멘사 지음 | 248면

멘사퍼즐 사고력게임
팀 데도풀로스 지음 | 248면

멘사퍼즐 아이큐게임
개러스 무어 지음 | 248면

멘사퍼즐 추론게임
그레이엄 존스 지음 | 248면

멘사퍼즐 두뇌게임
존 브렘너 지음 | 200면

멘사퍼즐 수학게임
로버트 앨런 지음 | 200면

멘사퍼즐 숫자게임
브리티시 멘사 지음 | 256면

멘사퍼즐 로직게임
브리티시 멘사 지음 | 256면

멘사퍼즐 공간게임
브리티시 멘사 지음 | 192면

멘사코리아 사고력 트레이닝
멘사코리아 퍼즐위원회 지음 | 244면

멘사코리아 수학 트레이닝
멘사코리아 퍼즐위원회 지음 | 240면

멘사코리아 논리 트레이닝
멘사코리아 퍼즐위원회 지음 | 240면